standards

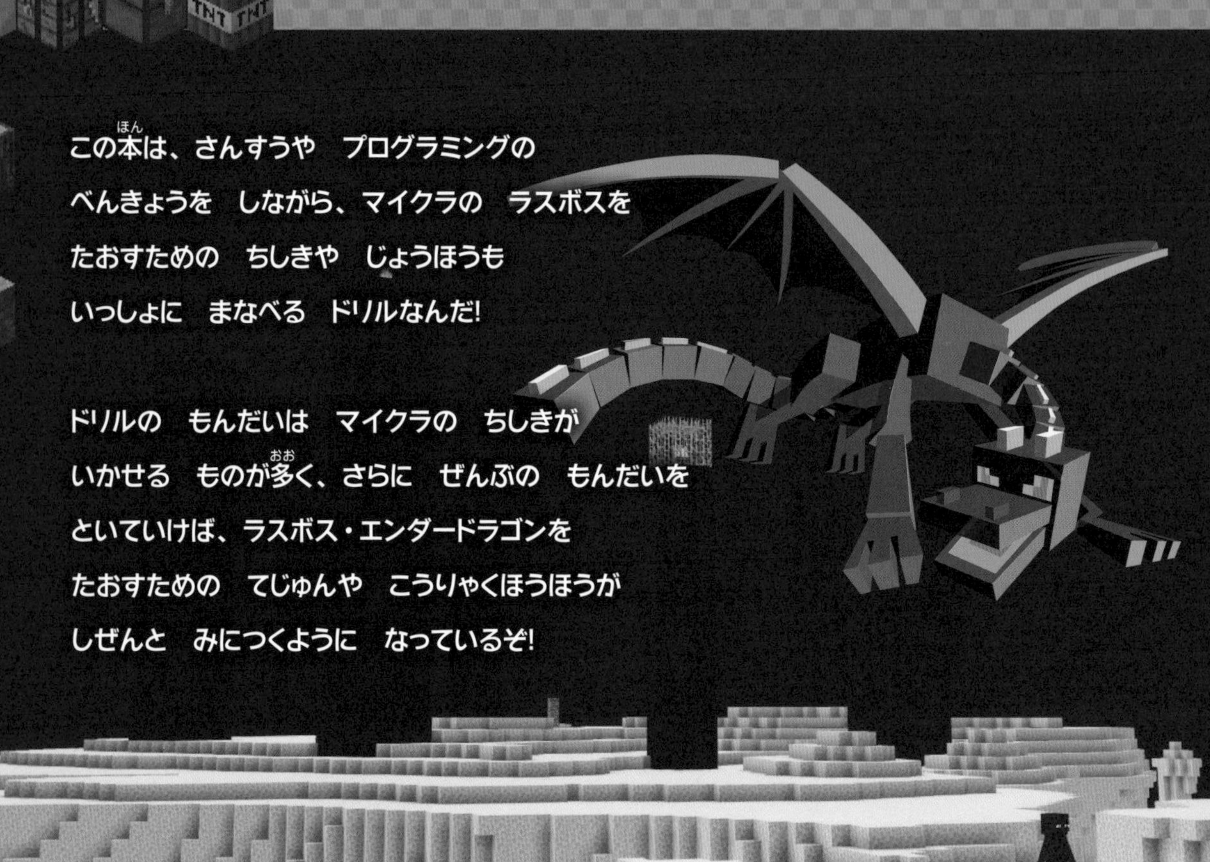

この本は、さんすうや　プログラミングの
べんきょうを　しながら、マイクラの　ラスボスを
たおすための　ちしきや　じょうほうも
いっしょに　まなべる　ドリルなんだ!

ドリルの　もんだいは　マイクラの　ちしきが
いかせる　ものが多く、さらに　ぜんぶの　もんだいを
といていけば、ラスボス・エンダードラゴンを
たおすための　てじゅんや　こうりゃくほうほうが
しぜんと　みにつくように　なっているぞ!

もくじ

登場人物紹介

スティーブ

ごぞんじ　マイクラの　しゅじんこう。にが手な　べんきょうに　とりくみながらラスボスの　こうりゃくをめざす。

アレックス

スティーブの　たよれるあいぼう。2人で　力をあわせて　マイクラのラスボスクリアを　めざしている。

ハカセ

マイクラにくわしい　たよれる先生。いろいろな　もんだいを　出しながら、ラスボスまで　こうりゃくの手だすけを　してくれる。

スティーブじゃない！
ちょうど よかったわ！
アレックスちゃん！
どうしたの？

ちょっと べんきょ
としょかんに 行
だがことわる!!
すこしは まよう
そぶりくらい しなさいよ

なんで学校が ないときも
べんきょう なんて しないと
いけないんだよ～！
そういう ことは テストで
まともな点 とってから
いいなさいよ！

はっはっは！　あいかわらず
じゃな、スティーブ。
はなしは きいていたぞ！
あ、ハカセ！

そんな スティーブくんには、
マイクラで 遊びながら 勉強もできる
スペシャルなスタディを たいけんさせて
あげようじゃないか！
ええ～っ！　何それ!?
すごそう！

その……、スペシャルなスタディ？ って何なの？

わしが かんがえた べんきょう法で、マイクラの 中で べんきょうを しながらラスボスの とうばつをめざすんじゃ！

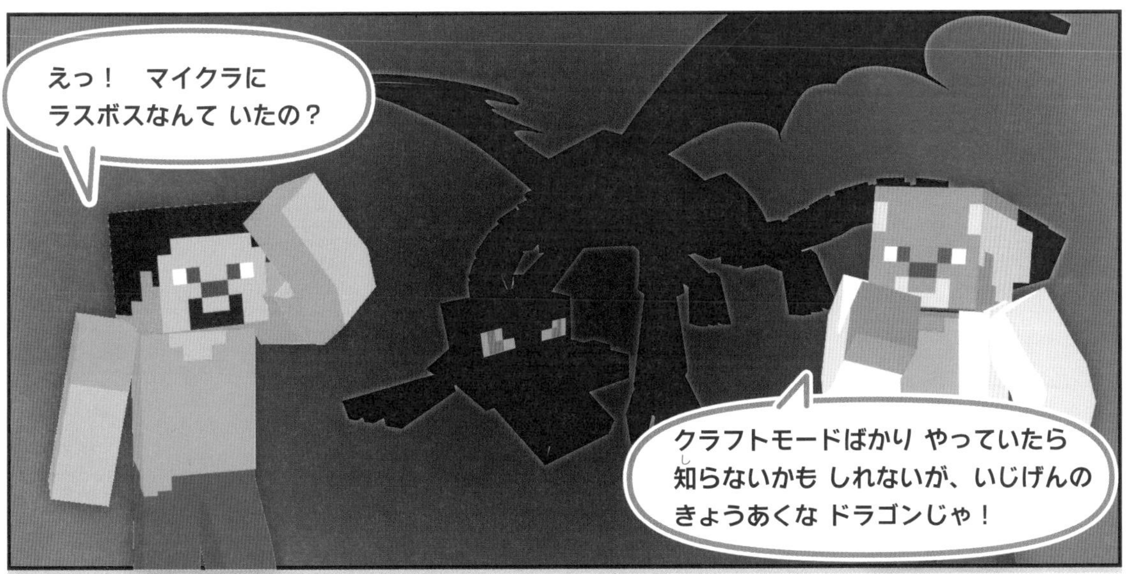
えっ！ マイクラにラスボスなんて いたの？
クラフトモードばかり やっていたら知らないかも しれないが、いじげんのきょうあくな ドラゴンじゃ！

このべんきょう法なら、さんすうやプログラミングの 学習を しながらサバイバルモードで ゲームクリアまでのノウハウを 身につけることが できるんじゃ!

さあ、じゅんびができたらぼうけんのたびに出発じゃ!
おーっ!

さんすう・プログラミング

01 どうぐを 作(つく)るために 木(き)を あつめよう!

マイクラを はじめたばかりでは 何(なに)も もっていないので、木(き)を あつめて 道具(どうぐ)を 作(つく)るのがだいじじゃ! 木(き)は 道具(どうぐ)のさくせいで ひつようなそざいとなるので たくさんあつめておこう!

クリアした日(ひ)

月(がつ) 日(にち)

1 木(き)ブロックの かずをかぞえよう

ゲームを はじめたばしょの ちかくに 樫(かし)の木(き)と 樺(かば)の木(き)を 見(み)つけました。樫(かし)の木(き)と樺(かば)の木(き)は それぞれ3本(ほん)ずつ ありましたが、いちばん多(おお)く丸太(まるた)ブロック（ と ）が 取(と)れるのは それぞれ どの木(き)でしょう？

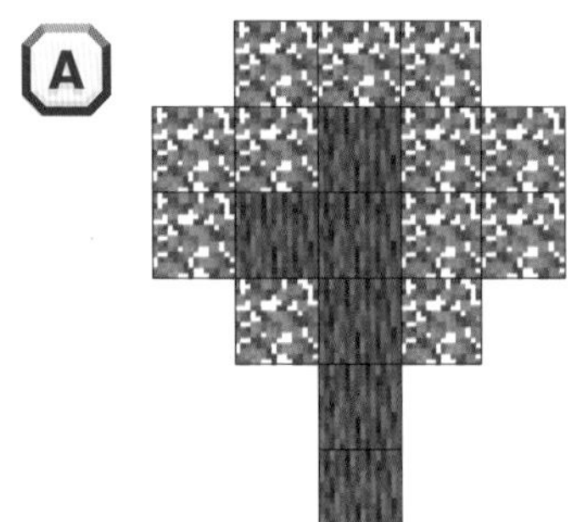
Ⓐ

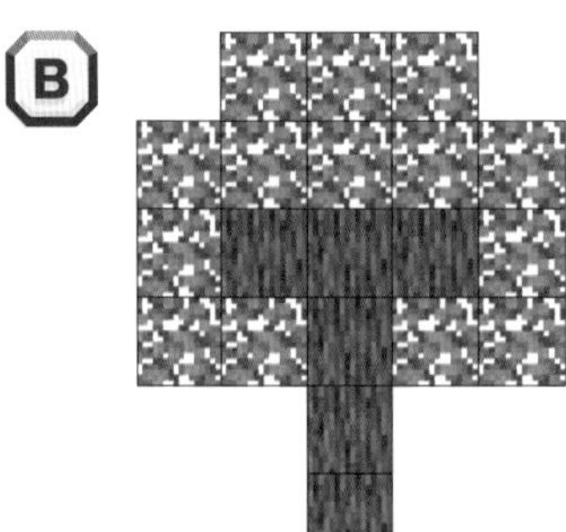
Ⓑ

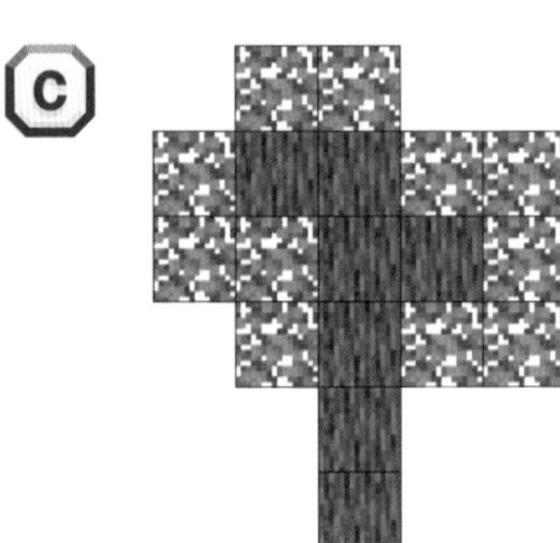
Ⓒ

答(こた)え. 樫(かし)の木(き) は □ の木(き)がいちばん多(おお)く取(と)れる

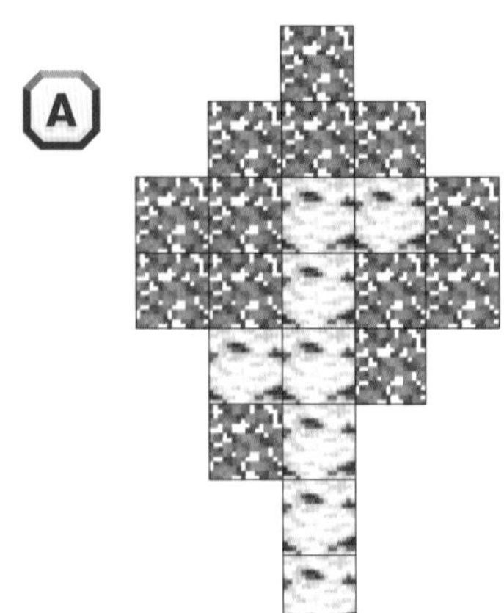
Ⓐ

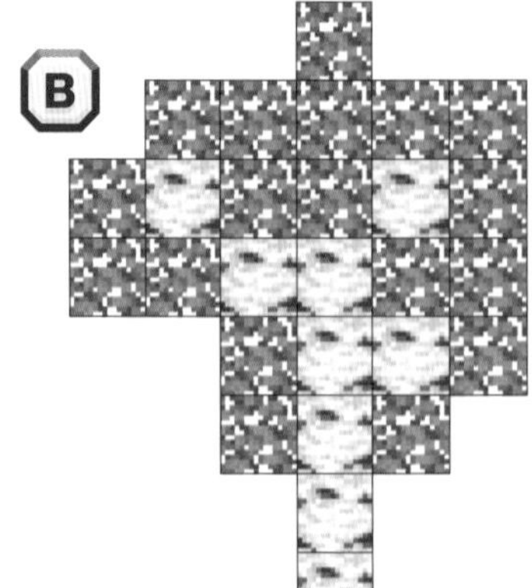
Ⓑ

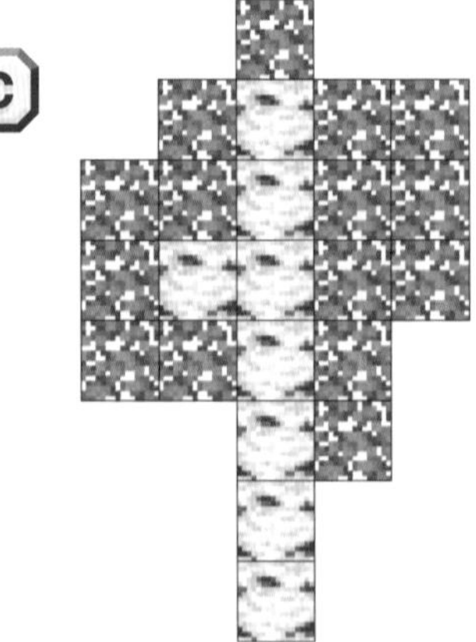
Ⓒ

答(こた)え. 樺(かば)の木(き) は □ の木(き)がいちばん多(おお)く取(と)れる

2 丸太ブロックを　しゅるいごとに　かぞえよう

しばらく木を　あつめていたら　樫の木、樺の木、アカシアの木の　3しゅるいの　丸太ブロックを　ひろうことが　できました。3しゅるいの　丸太ブロックは　あわせると　それぞれ何個ずつ　あつまったでしょうか？

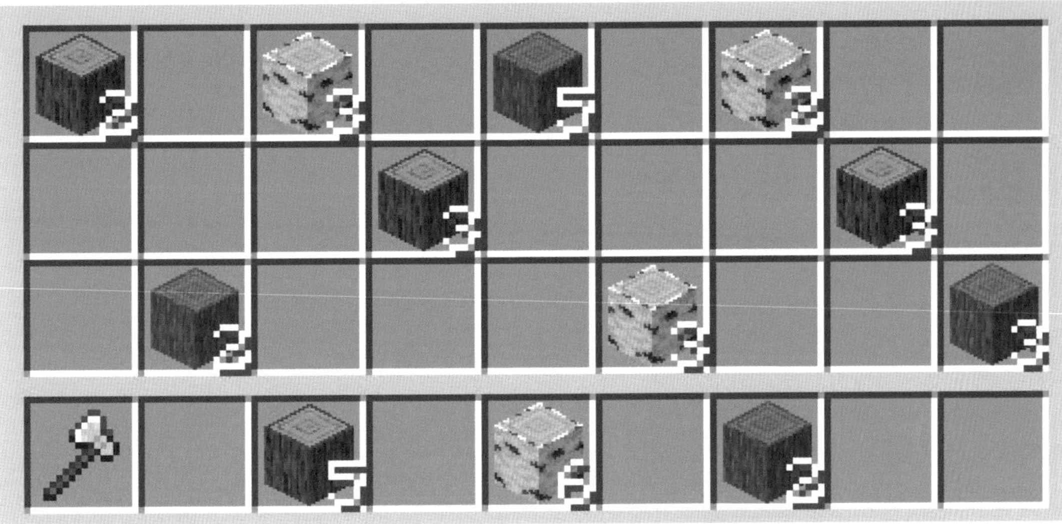

ヒント！

アイテムの　右下の　数字は
アイテムの　数だよ！

答え. 樫の丸太　は　ぜんぶで　[　　]　個

答え. 樺の丸太　は　ぜんぶで　[　　]　個

答え. アカシアの丸太　は　ぜんぶで　[　　]　個

答え. 丸太ブロックは　ぜんぶで　[　　]　個

マイクラ攻略まめちしき　木のオノで　丸太をあつめるとスピードアップ！

木を　こわして　ブロックに　するなら　オノを　はやめに　作りたい。オノをつかえば　手でこわすよりも　はやく　木を　ブロックにできるのだ。さいしょに　あつめた木で　すぐに　木のオノを　作れば、ゲームじょばんの　こうりゃくスピードを　大はばに　アップできるぞ！

木のオノを　はやめに
作って、よるに
なるまえに　木を
たくさん　あつめよう！

べんりな　作業台を　作ろう!

さいしょは　たて2・よこ2マスの
スペースで　クラフトすることになるが
作業台が　あれば　たて3・よこ3マスで
クラフトできるのじゃ。作れる道具が　ふえるぞ！

クリアした日
月　日

1 木の板を　作ってみよう

丸太をあつめたら　木の板にクラフトしてみましょう。クラフトするスペースに丸太をおくだけで　作ることができます。木の板は　作業台の　ざいりょうになります。丸太からどれだけ　木の板が作れるか　けいさんしてみましょう。

樫の丸太

白樺の丸太

アカシアの丸太

① 下の絵は　あつめた　丸太です。丸太をクラフトすると　4個の　木の板になります。この丸太を　ぜんぶ木の板にしたばあい　何個　作れますか？

        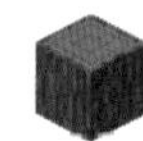

答え. 木の板は　□　個作れる

② 1のもんだいで　アカシアの丸太だけ　かまどのねんりょうにするために　ほかんしておこうとおもいます。このばあい　作れる木の板はいくつになりますか。

答え. 木の板は　□　個作れる

木の板は　つかいみちが多いので　多めに　よういしておきましょう!
丸太も　ねんりょうとして　やくに立つわ

2 作業台を　作ってみよう

木があつまったら　道具を作っていきましょう。まずは　クラフトできるものを　ふやしてくれる　作業台を作ってみましょう。あつめた木の板で　できるだけ作ったばあいに　作業台がいくつ作れるか　けいさんしてみましょう。

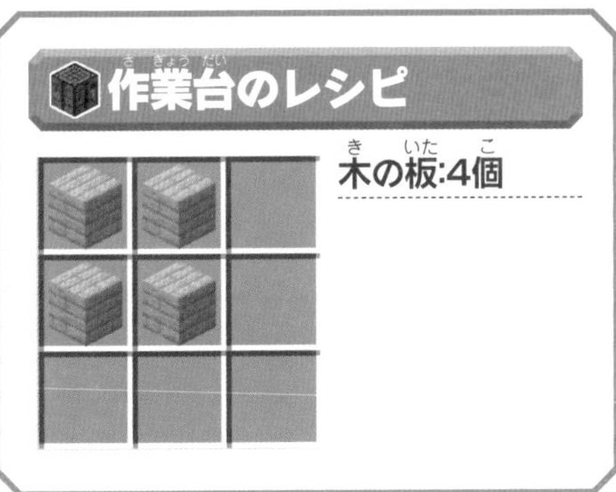

木の板24個

答え. 作業台は　□　個作れる

3 作業台を　いどうさせよう

作業台は　こわすと　アイテムになります。ひろって　すきなばしょにいどうさせることができます。がぞうを　見て　もんだいに答えましょう。

作業台のはいち

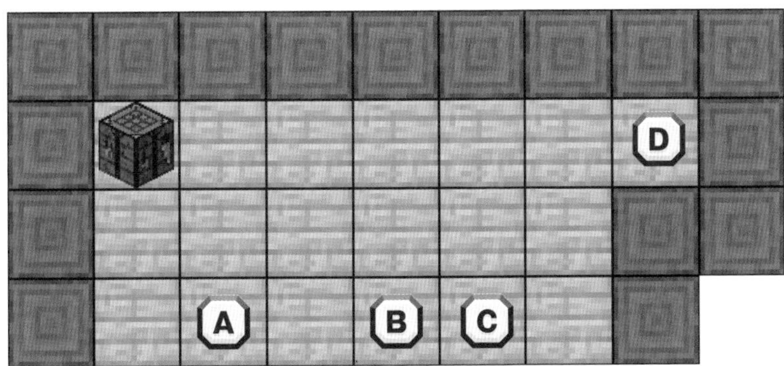

もとのばしょから　5マスはなれたばしょに　おきたいとおもいます。A～Dのどのばしょに　なるでしょう？

かぞえかたの　ちゅうい

斜めのマスに　いどうするばあいは　2マスとしてかぞえます。

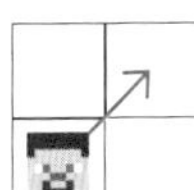

1マス

2マス

答え.　□　のばしょ

さんすう

03 作業台で　道具を　作ろう!

作業台でしか　作れない　いろいろな　道具を
よういすれば　ぼうけんが　より　たのしくなるぞ！
斧や　ツルハシは　たくさん　よういしよう
レシピにひつような　棒は　木の板2個で作れるのじゃ！

クリアした日

月　　日

1 どうぐを　作ってみよう

木があつまったら　どうぐを作ってみましょう。まずは　斧やツルハシなどの道具から　作るのが　おすすめです。あつめた　そざいで　それぞれ　何個作れるか　けいさんしてみましょう。木の斧と、木のツルハシは　ひつような個数が　おなじになります。

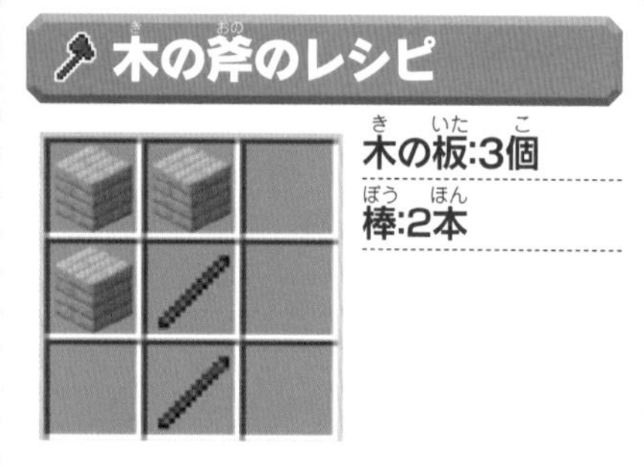

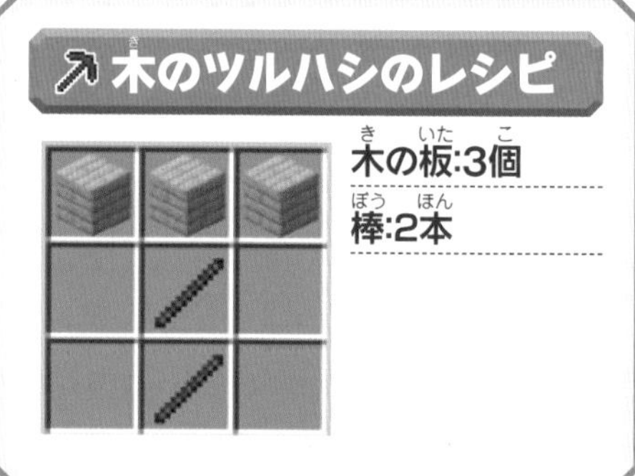

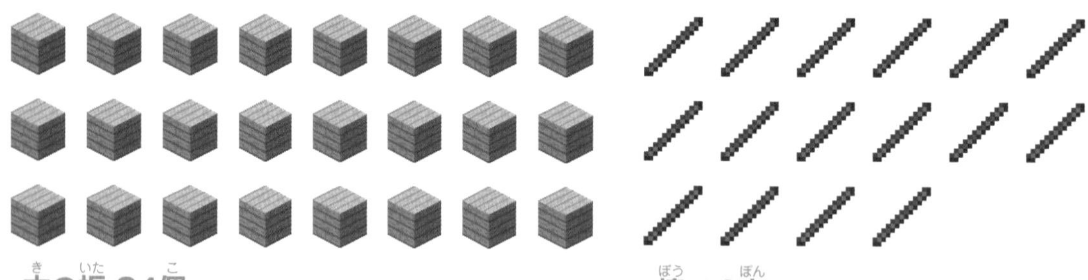

木の板 24個

棒 16本

答え. 木の斧またはツルハシは　□　個作れる

1 そざいから　どうぐを　作る

木の板があれば　棒が作れます。木の板2個で　棒4個が　クラフトできます。つぎの　もんだいに　答えましょう。

木の板2個　　　棒4個

木のクワのレシピ

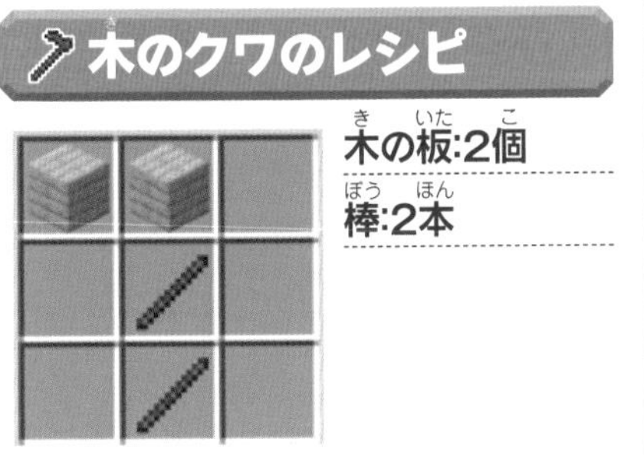

木の板:2個
棒:2本

木のシャベルのレシピ

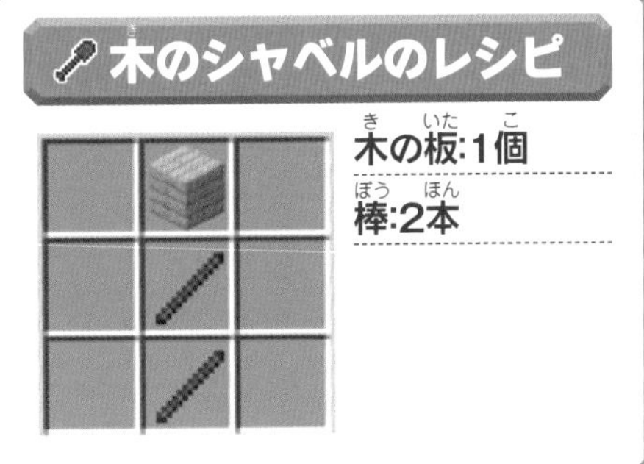

木の板:1個
棒:2本

① 下の絵は　あつめた　木の板と棒です。この　ざいりょうの　くみあわせで　木のクワは　いくつ　作れますか？

木の板 6個　　　棒 6本

答え. 木のクワは ☐ 個作れる

② 1のもんだいと　同じ数の　木の板と棒で　木のシャベルはいくつ作れて、そざいはいくつあまりますか？　棒が足りなくなったら　木の板から　棒をクラフトしてつかいます。

答え. 木のシャベルは ☐ 個作れる　棒が ☐ 個あまる

マイクラ攻略まめちしき

やりたいことに　あった道具を　えらぼう

木が　ほしいばあいは　オノで　木をきると　はやくなるように、やりたいことに　あわせて　道具をえらぼう。土や砂、砂利ブロックには　シャベルを　つかうとはやくブロックにできる。ツルハシは石（丸石）ブロックや　鉄鉱石ブロックにつかおう。あっていない道具を　つかうと　ブロックや　アイテムとして　手に入らないブロックもあるぞ。

さんすう・プログラミング

04 石を　あつめよう！

石（丸石）は　道具のそざい　いがいにも　けんちくブロックとして　階段や　ハーフブロックが作れるぞ！　ほとんどのばしょで　手に入るので　はやめに　あつめておくのじゃ！

クリアした日

月　　日

1 石を　さいくつして　丸石を入手しよう

ツルハシを作ったら　石をさがして　さいくつしましょう。ツルハシがかいてあるばしょから　ツルハシで石をまっすぐほっていくと　どのブロックがあまりますか。あまるブロックに　○をつけましょう。

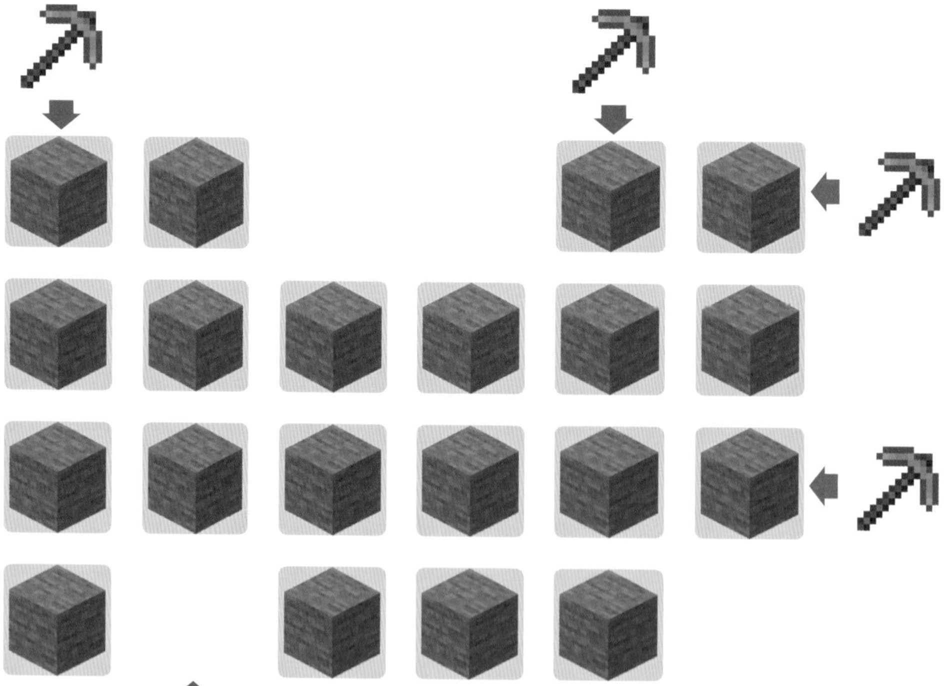

石は　さいくつすると　丸石にかわるんだ！　丸石は　かまどでやいて　石に　もどす　ことも　できるぞ！

2 丸石の階段や　ハーフブロックを作ってみよう

丸石が　たくさん　あつまったら、階段ブロックや　ハーフブロックに　してみましょう。下のレシピの　1回のクラフトにつき　丸石の階段は4個、丸石のハーフブロックは　6個　手に入ります。

丸石6個　　丸石の階段4個

丸石3個　　丸石のハーフブロック6個

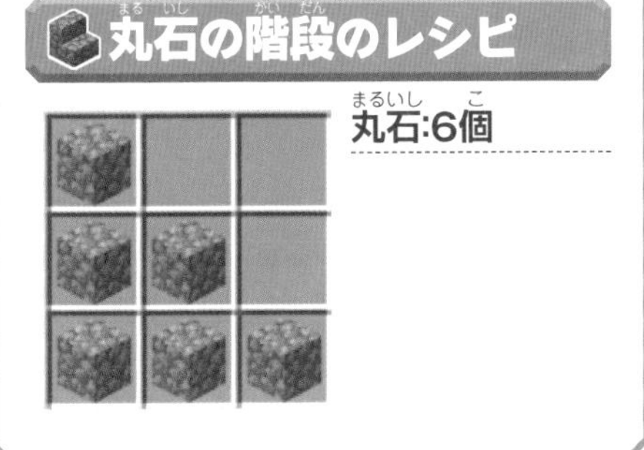

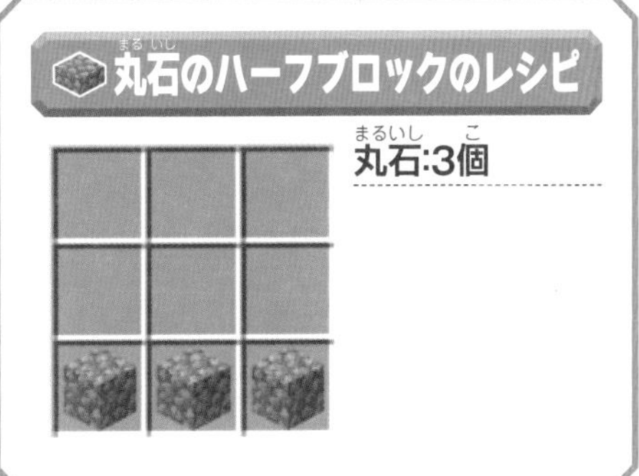

1 下の絵は　あつめた　丸石です。この丸石を　できるかぎり　丸石の階段にしたばあい　何個　作れますか？　また、丸石は　何個あまりますか？

丸石 11個

答え. 丸石の階段は［　　］個作れる　丸石は［　　］個あまる

2 1のもんだいと　おなじ個数の丸石を　できるかぎり　丸石のハーフブロックにしたばあい　何個　作れますか？　また、丸石は　何個あまりますか？

答え. 丸石のハーフブロックは［　　］個作れる　丸石は［　　］個あまる

さんすう・プログラミング

05 石の道具を　作ろう！

さいしょは　木の道具で　そざいを　あつめることになるが、斧やツルハシを　石の道具にすると　あつめるスピードが　アップするぞ！

クリアした日

月　　日

1 石の道具を　作ってみよう

丸石があつまったら　これまでの道具を　石の道具に　かえてみましょう。
レシピの木の板を　丸石に　かえるだけで　石の道具を　作ることができます。
また、かまども　作りましょう。

石のツルハシのレシピ

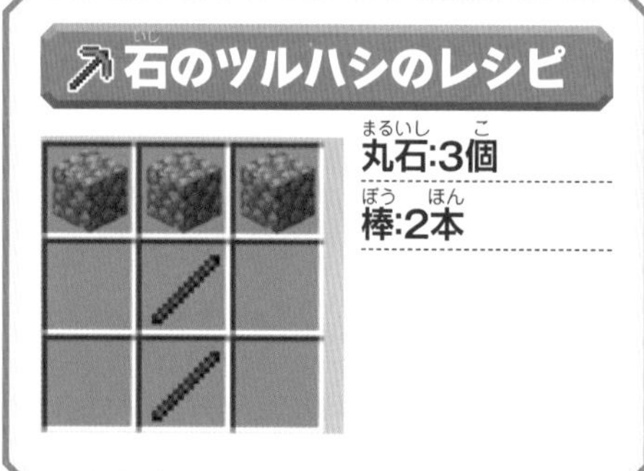

丸石:3個
棒:2本

かまどのレシピ

丸石:8個

① 下の絵は　あつめた　丸石と棒です。できるかぎり作ったばあい　石のツルハシは　いくつ作れますか？

丸石 16個

棒 6本

答え. 石のツルハシは　[　　]　個作れる

② 1のもんだいと　おなじ個数のそざいで　できるかぎり　かまどを作ったばあい、かまどは　いくつ作れますか？

答え. かまどは　[　　]　個作れる

2 道具を　つかってゴールを　めざそう！

道具のつかいわけは　じゅうようです。斧、ツルハシ、シャベルで　「木（丸太）ブロック→石ブロック→土ブロック」の順でこわして　スタートから　ゴールをめざしましょう。

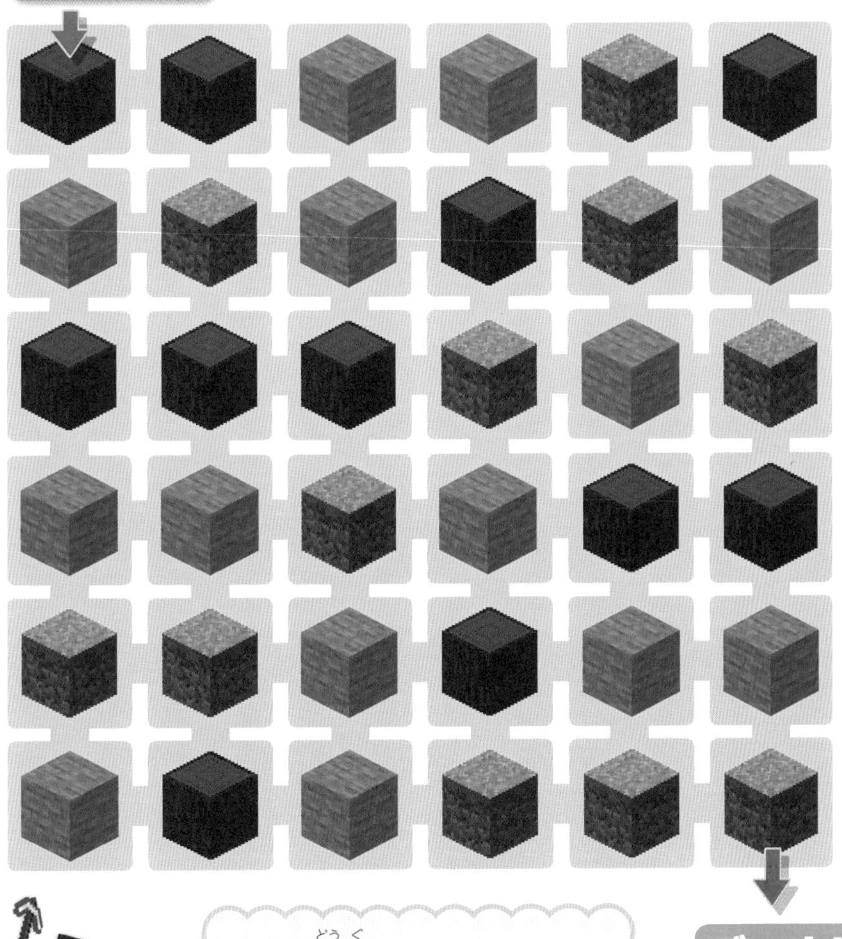

木ブロック

石ブロック

土ブロック

3つの道具を　つかいわけて
ゴールをめざそう！

マイクラ攻略まめちしき　石のかわりに　つかえる　ブロックもある

石（丸石）は　そざいとして　いろいろな　ばめんで　つかうブロックだ。いせかいの　ネザーまで　ぼうけんが　すすんだときに、丸石がなくなっても　ネザーで　とれる「ブラックストーン」が　丸石の　かわりとしてつかえるぞ。また、つうじょうのせかいの　ちかふかくで　とれる「深層岩の丸石」も　丸石と　おなじようにつかえる。

06

プログラミング

チェストを 作って アイテムを せいとんしよう!

チェストを作ると、手に入れたアイテムや そざいを たいりょうに 入れておくことが できるのじゃ！ 木の板8個を かまどのレシピと おなじように ならべると 作ることができるぞ！

クリアした日

月　日

1 そざいや アイテムを せいとんしよう

手もちのアイテムや チェストに おなじものがあれば 64個まで かさねて1マスにおく（スタック）ことができます。道具などは スタックできませんが このせいしつをつかって チェストのなかを せいとんしてみましょう。アイテムをスタックさせると 何マスあくでしょうか？

スタックできる数

64個まで

- 棒
- 土
- 木の板
- 丸石

16個まで

- タマゴ

スタックできない

- ベッド
- 作業台
- ツルハシ
- クワ

ちらばったアイテムを 重ねてスッキリさせてね！

答え.　　マスあく

2 ならべるじゅんばんを　かんがえよう

あつめたアイテムを　ならべてみました。ならべかたには　ほうそくがあります。それぞれの　アイテムリストにある　白いマスには　何のアイテムが　入るでしょう。

あつめたアイテム

- 土
- 木の板
- 丸石
- ツルハシ
- 斧
- シャベル
- ポピー
- タンポポ

1

答え.

2

答え.

3

答え. Aは

Bは

マイクラ攻略まめちしき

チェストを　かさねておく　テクニック

チェストは　よこに2個おくと、2倍の大きさの「ラージチェスト（おおきなチェスト）」ができる。また、たてにも　かさねて　ならべることができる。しのび足（スニーク）中は、チェストの　上に　さらにチェストを　おくことができるぞ。アイテムが　ラージチェストに入らないほど　多くなっても　これでだいじょうぶだ！

さんすう・プログラミング

07 鉄鉱石を　ほって　原鉄を　あつめる

あるていど　道具が　そろってきたら、鉄の道具も作りはじめたい　ところじゃ！　鉄の道具があるとできることも　グッと　ふえるぞ！　鉄を作るには鉄鉱石から　出てくる　原鉄が　ひつようじゃ。

クリアした日

月　日

1 鉄鉱石を　できるだけたくさん　ほろう

スティーブの　もっている　ツルハシは、あと10ブロックだけ　ほることができます。スタートから　いちばん　たくさん　鉄鉱石を　ほると、さい大で6個ほることが　できます。鉄鉱石を　6個ほれる　ルートを　さがしてみましょう。

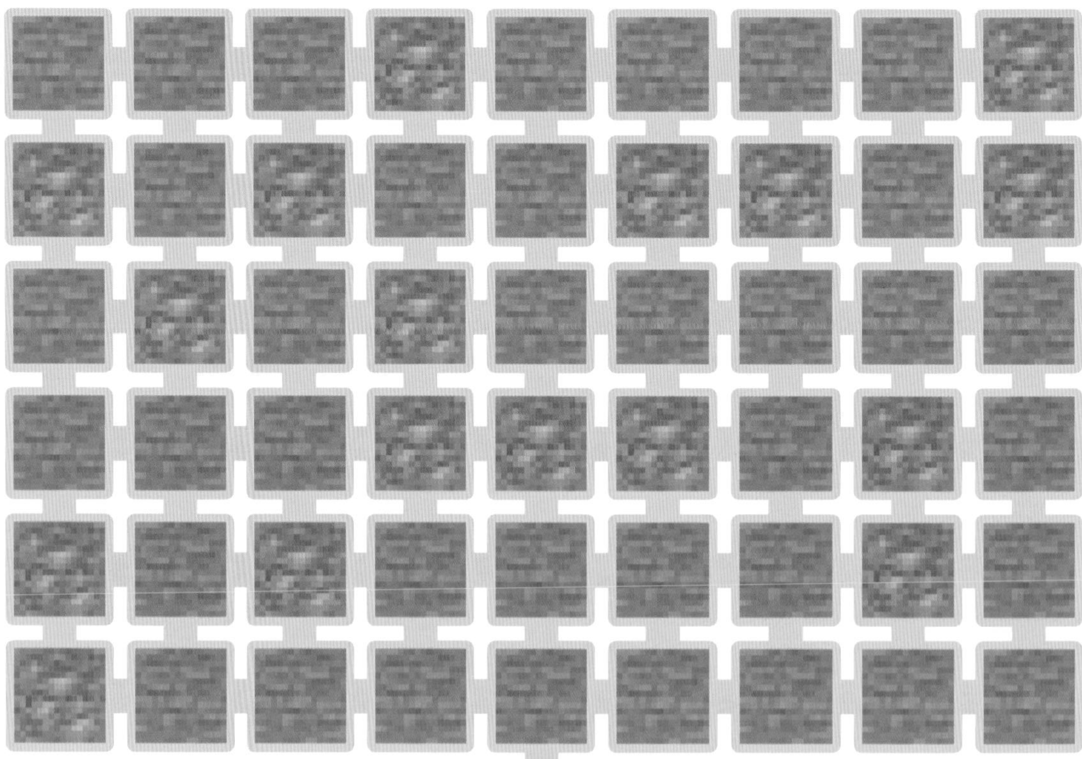

6個　ほれる　ルートを見つけよう！

2 あつめた原鉄の　かずを　けいさんしよう

鉄鉱石を　こわすと、鉄の　ざいりょうになる　原鉄が　手に入ります。原鉄は　9個あつめると　原鉄のブロックに　することができます（原鉄のブロックは　いつでも　原鉄9個に　もどせます）。つぎの　もんだいに　答えましょう。

原鉄9個

原鉄のブロック

1 下の絵は　あつめた　原鉄です。この原鉄を　できるだけ　原鉄のブロックに　したいと　おもいます。原鉄のブロックは　ぜんぶで　何個　作れますか？

答え. 原鉄のブロックは　[　　]　個作れる

2 さらに　原鉄を　あつめて、原鉄と　原鉄のブロックは　ぜんぶで　下の絵のような　数に　なりました。原鉄のブロックを　原鉄に　もどすと、原鉄は　ぜんぶで　何個に　なりますか？

答え. 原鉄は　[　　]　個

マイクラ攻略まめちしき

鉄鉱石は　石よりかたい　ツルハシが　ひつよう

鉄鉱石から　原鉄を　手に入れるためには、さいていでも　石のつるはしが　ひつようになる。木や金のツルハシは　道具として　もろすぎるため、鉄鉱石から　原鉄を　とり出すことができないのだ。石のツルハシも　こわれやすいので、原鉄を　手に入れたら、まっ先に　鉄のツルハシを　作るようにしたい。ほかの　鉱石も　あつめやすくなるぞ。

さんすう

08 かまどで　鉄の延べ棒を　作ろう！

あつめた　原鉄は、かまどで　鉄の延べ棒にすれば
いろいろなアイテムの　ざいりょうになるぞ！
かまどを　つかうためには　ねんりょうが　ひつようなので、原鉄と　あわせて　じゅんびしよう。

クリアした日
月　日

1 ねんりょうが　もえるじかんを　かぞえよう

かまどで　ひつようになる　ねんりょうを　3しゅるい　よういしました。
ねんりょうは　しゅるいによって　もえるじかんが　ちがいます。

樫の木の板  ：15びょう
石炭 ：80びょう
乾燥昆布ブロック ：200びょう

下にかいてある　ねんりょうだと　どれくらいのじかん　もえるでしょうか？

① 樫の木の板 が3個
答え. □ びょう　もえる

② 乾燥昆布ブロック  が2個
答え. □ びょう　もえる

③ 樫の木の板 が2個と　石炭 が1個
答え. □ びょう　もえる

④ 樫の木の板 が3個と　石炭 が2個と　乾燥昆布ブロック が1個
答え. □ びょう　もえる

2 鉄の延べ棒を　作るじかんを　けいさんしよう

かまどで　原鉄を　鉄の延べ棒にするには　1個あたり10びょうかかります。つぎのといに　答えましょう

1 原鉄9個を　鉄の延べ棒にするために　かかるじかんと　ピッタリおなじになるねんりょうの　くみあわせは　どれになるでしょうか？

A 樫の木の板6個

B 樫の木の板7個

C 石炭1個と樫の木の板1個

答え.　　　　のくみあわせ

2 原鉄11個を　鉄の延べ棒にするために　かかるじかんと　ピッタリおなじになるねんりょうの　くみあわせは　どれになるでしょうか？

A 樫の木の板7個

B 樫の木の板8個

C 石炭1個と樫の木の板2個

答え.　　　　のくみあわせ

原鉄9個を　鉄の延べ棒にするのに
かかるじかんは　90びょう、
原鉄11個を　鉄の延べ棒にするのに
かかるじかんは　110びょうだよ！

マイクラ攻略まめちしき

鉄をつかったアイテムは　鉄の延べ棒にもどせる!

いらなくなった　鉄のアイテムは、かまどを　つかえば　鉄の延べ棒に　もどすことができる。鉄でできた　そうびや道具をかまどに　入れると　鉄塊という　アイテムができる。9個の鉄塊を　作業台で　クラフトすると　鉄の延べ棒になる。鉄が　たりないときに　べんりな　ワザだ！

09

さんすう

そうびや　道具を　作ろう！

鉄の原石を　手に入れることが　できたら　てきモンスターと　たたかうための　そうびを　作ってみよう！　鉄の道具も　剣がないときに　ゆうこうなぶき　として　つかえるぞ！

クリアした日

月　　日

1 ぶきや　道具の　こうげき力を　たしかめよう

ぶきや　どうぐの　こうげき力を　ハート（♥）であらわしています。♥は♥の ちょうど　はんぶんを　あらわしています。つぎの　もんだいに　答えましょう。

Ⓐ 鉄の斧

こうげき力：

Ⓑ 石のツルハシ

こうげき力：

Ⓒ 木の剣

こうげき力：

Ⓓ 鉄の剣

こうげき力：

Ⓔ 木のシャベル

こうげき力：

Ⓕ 木のクワ

こうげき力：

① ぶきと道具を　A～Fのきごうで　1ばん　こうげき力が　高いものから　ならべましょう

答え. つよさは ＿ ＿ ＿ ＿ ＿ ＿ のじゅん

② こうげき力が♥♥よりも大きい（♥♥と　おなじものは数えません）　ぶき、道具は　いくつありますか

答え. ＿ 個

2 ぼうぎょ力を　けいさんしよう

鉄の原石から　鉄の延べ棒を作ることができたら　ぼうぐも　鉄のぼうぐを　そろえていきましょう。げんざいの　そうびを　さんこうにして、つぎのもんだいに答えましょう。

げんざいの　そうび

そうび	ぼうぎょ力
鉄のヘルメット	2
鉄の胸当て	6
鉄の脚甲	5
鉄のブーツ	2

鉄の　そうびを　そろえられると　たたかいが　らくになるぞ！

1　げんざいの　そうびの　ぼうぎょ力を　ぜんぶ足すと　いくつになりますか。

答え.

2　げんざいの　そうび　でたたかっていると、鉄の胸当てと　鉄のブーツがこわれてしまいました。そこで、足だけ　ぼうぎょ力が1の「金のブーツ」を　かわりにそうびしました。このときの　そうびぜんぶの　ぼうぎょ力を　足すといくつになりますか。

答え.

マイクラ攻略まめちしき

そうびや　道具は　しゅうり　できる

そうびは、モンスターから　こうげき　されたりすると　たいきゅう力が　へってしまう。道具も　つかっていると　さいごは　こわれてしまう。「金床」を　つかえば　そうびや　道具は　しゅうり　することができるぞ。しゅうりには　それぞれ　そざいが　ひつようになる。

10

さんすう・プログラミング

たいまつを　作ろう!

たいまつは　ブロックに　とりつけると　まわりを
あかるくすることができるぞ！　ちかを　ぼうけん
するときにそなえて　多めに　よういして　おくの
じゃ！

クリアした日

月　　日

1 たいまつを　作ろう

かまどで　木炭を作って　たいまつを　作りましょう。たいまつは　レシピのとおりに　クラフトすると　4個作ることが　できます。つぎの　もんだいに　答えましょう。

① 石炭を　ぜんぶつかって　たいまつを作ったら　たいまつは　何個作れますか。
また、棒は　何本あまりますか。

答え. たいまつは　□　個作れる　棒は　□　本あまる

② 1のもんだいで　のこりの　棒と木炭で　たいまつを作ったら　たいまつは何個作れますか。また、木炭は　何個あまりますか。

答え. たいまつは　□　個作れる　木炭は　□　個あまる

2 たいまつを　りようして　ゴールをめざそう

てきモンスターは　たいまつのちかくには　あらわれません。そこで、3マスごとに　たいまつを　ふんで　スタートからゴールを　めざしましょう。きた道を　もどることは　できません。

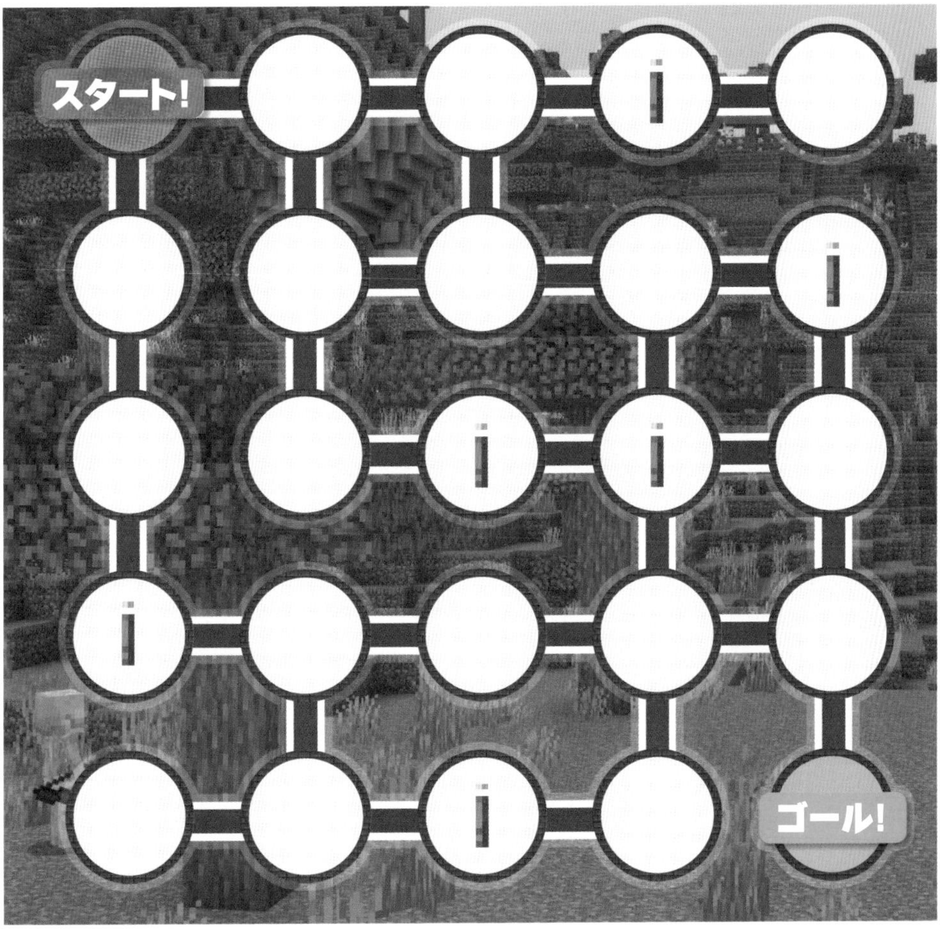

スタート!

ゴール!

たいまつに　てらされた道をとおれば　モンスターに　おそわれることは少ないぞ。

マイクラ攻略まめちしき

モンスターが　出てこないように　できる

てきの　モンスターは　あかるいばしょには　出てくることが　できない。たいまつを　おいたばしょの　ちかくには　モンスターがしゅつげん　しなくなるぞ。　これは　たいまつを　つかった「わきつぶし」という　テクニックだ。　このテクニックで　あんぜんに　ぼうけん　しよう。

11

プログラミング

きょてんになる　いえを　作ろう

夜にでてくる　モンスターから　みをまもるために、いえを　作って　きょてんにすると　べんりじゃよ！あんぜんに　ベッドで　ねたり、そざいの　ほかんや　せいりを　あんしんして　できるように　なるぞ。

クリアした日

月　　日

1 まちがった　いえの　しゃしんを　さがそう

いえを　作るまえに、どんないえが　いいか　よくかんがえて　おきましょう。しゃしんの　いえを　作りたいと　おもいましたが、しゃしんに　ふようなパーツが　まざっています。しゃしんと　ちがう　パーツを　見つけましょう。

正しい　いえの　しゃしん

答え. まちがっている　パーツは　[　　]　です

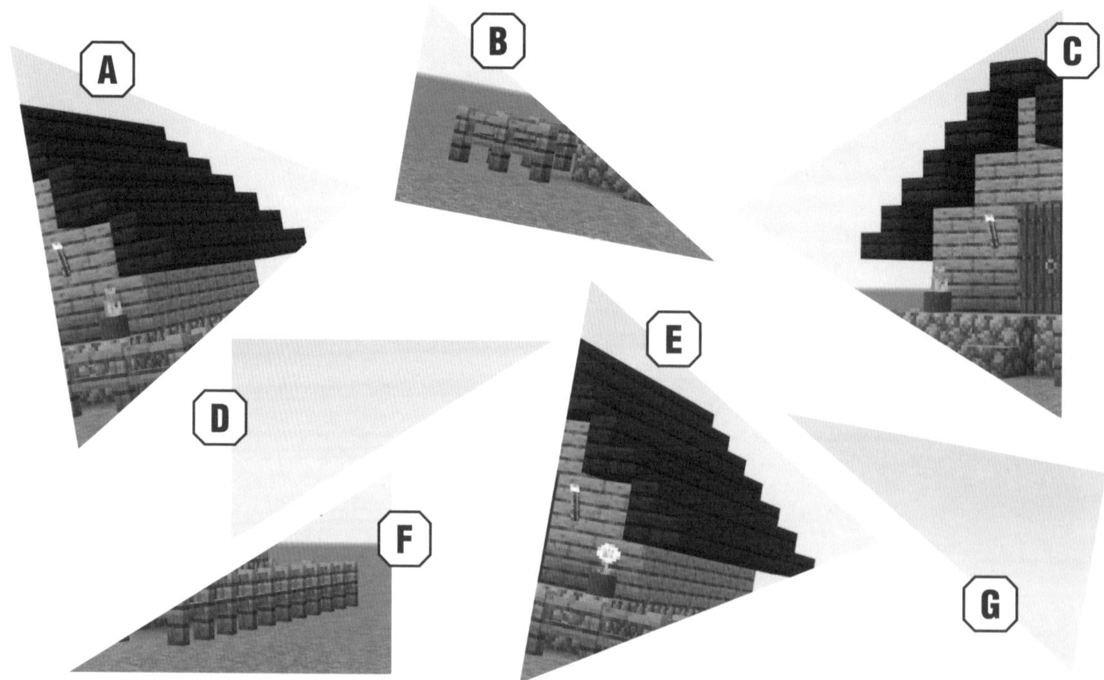

2 いえの中(なか)に　ベッドを　おいてみましょう

いえが　かんせいしたので、いえの　中(なか)に　かぐを　はいちしていきます。
さいごに　ベッドを　あいている　ばしょに　おきたいのですが、ベッドは
下(した)のじょうけんを　まもって　おくように　しなければ　いけません。
じょうけんを　みたす　ベッドの　おきばしょは　どこでしょう？

じょうけん

- 何(なに)か　おいてある　ばしょには　ベッドを　おくことは　できません。
- 出入口(でいりぐち)から　へやに入(はい)れなくなるばしょに　ベッドは　おけません。
- 本棚(ほんだな)（　）と　チェスト（　）の　まわり（前後左右(ぜんごさゆう)）どこかに
  かならず　1ブロックの　あきスペースが　ひつようです。

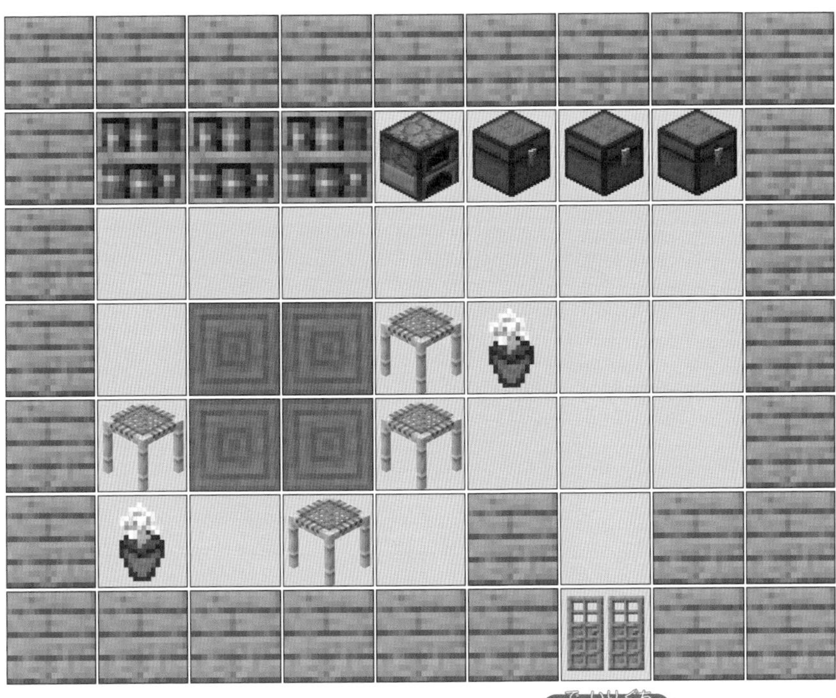

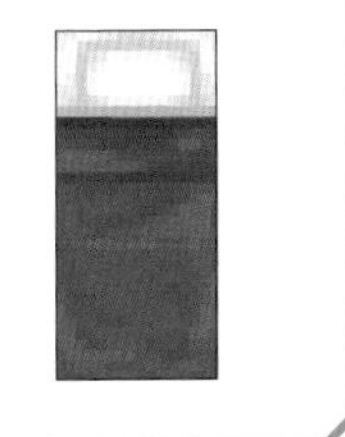

マイクラ攻略(こうりゃく)まめちしき

ベッドで　ふっかつばしょを　へんこうできる

サバイバルモードで　プレイヤーが　たおされると、ゲームの　スタートちてんに　もどされて
しまう。しかし、ベッドに　ねると　つぎに　やられたときの　ふっかつばしょが　ベッドを
おいたばしょに　へんこうされる。ふっかつばしょの　へんこうは　いつでもできるが、いちばん
さいごにねた　ベッドを　こわすと　ふっかつばしょが　ゲームの　スタートちてんに　もどって
しまうので　気をつけよう。

12

さんすう・プログラミング

モンスターと　たたかおう!

マイクラには　何もしなくても　おそってくる　てきモンスターがいるぞ！
よるになったり　くらいばしょを　ぼうけんするときには　ちゅういするのじゃ！

クリアした日

月　　日

1 モンスターの数を　かくにんしよう

森、さばく　といった　ちけいごとに　あらわれるモンスターには　ちがいがあります。しゃしんを見て　つぎの　もんだいに答えましょう。

1. クリーパー は何体いますか。　答え.　□　体

2. ゾンビ と　ハスク の数を足すと何体になりますか。　答え.　□　体

3. クモ と　スケルトン の数を足すと何体になりますか。　答え.　□　体

2 スケルトンの　矢を　よけよう

矢でこうげきしてくる　スケルトンは　じょばんで　くせんする　モンスターです。それぞれ1マスだけ　矢にあたらない　ばしょがあります。矢は　まっすぐとびます。あたらないマスに　○をつけましょう。

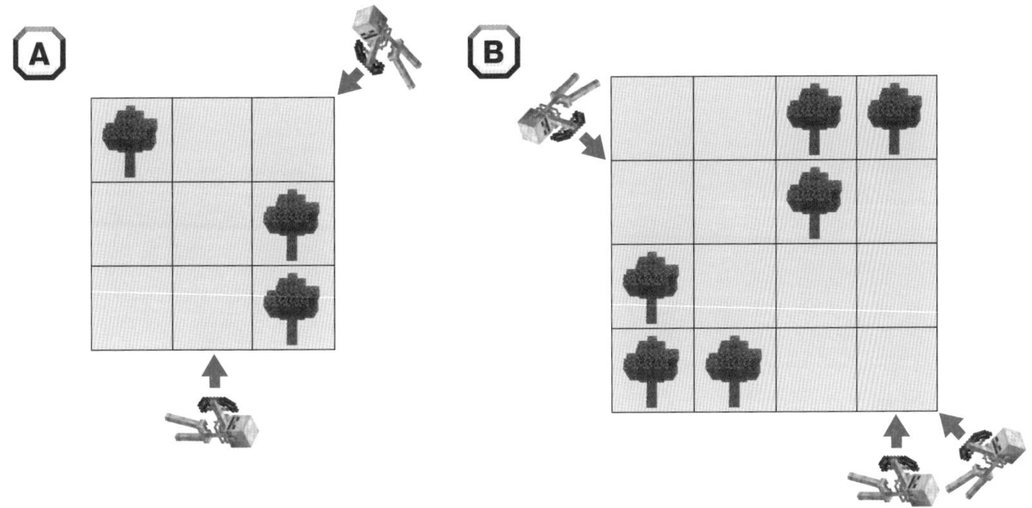

3 エンダーマンと　たたかう

エンダーマンは　目があうと　おそってくる　モンスターです。ワープする　やっかいな　あいてになります。けいさんで　たおしましょう。

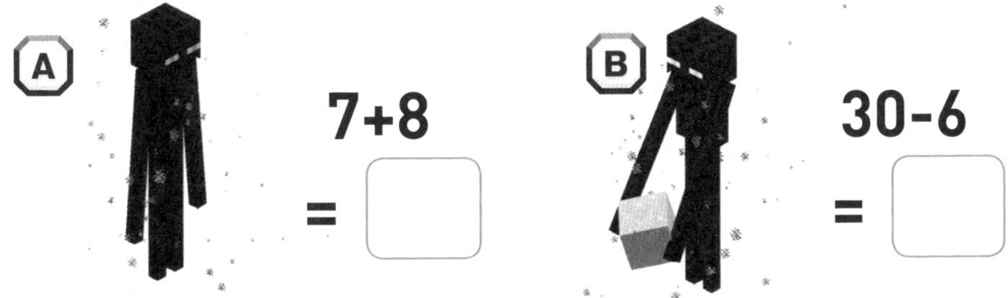

マイクラ攻略まめちしき　2ブロックの　たかさがあれば　こうげきされない

ゾンビなどの　ちかいきょりで　こうげきしてくる　てきモンスターは、2ブロックの　だんさがあると　プレイヤーを　こうげきできない。2ブロックの　ふかさがある　ばしょに　おとしても　だいじょうぶだ。クモは、かべを　のぼってくるので　ちゅういしよう。また、スケルトンからは　弓で　こうげきされてしまうぞ。

13

プログラミング

たべものを　ようい　しよう！

マイクラでは　はたけで　とれる　さくもついがいに、どうぶつの肉も　だいじな　しょくりょうになるのじゃ！

クリアした日

月　　日

1 どうぶつから　肉を　手に入れよう

どうぶつを　たおしたときに　手に入る肉は　たべることで　まんぷくどが　上がる　だいじな　しょくりょうになります。肉を手に入れられる　どうぶつだけを　とおって　ゴールを　めざしましょう。

肉が手に入る	肉が手に入らない
牛	馬
豚	ネコ
ニワトリ	キツネ
羊	

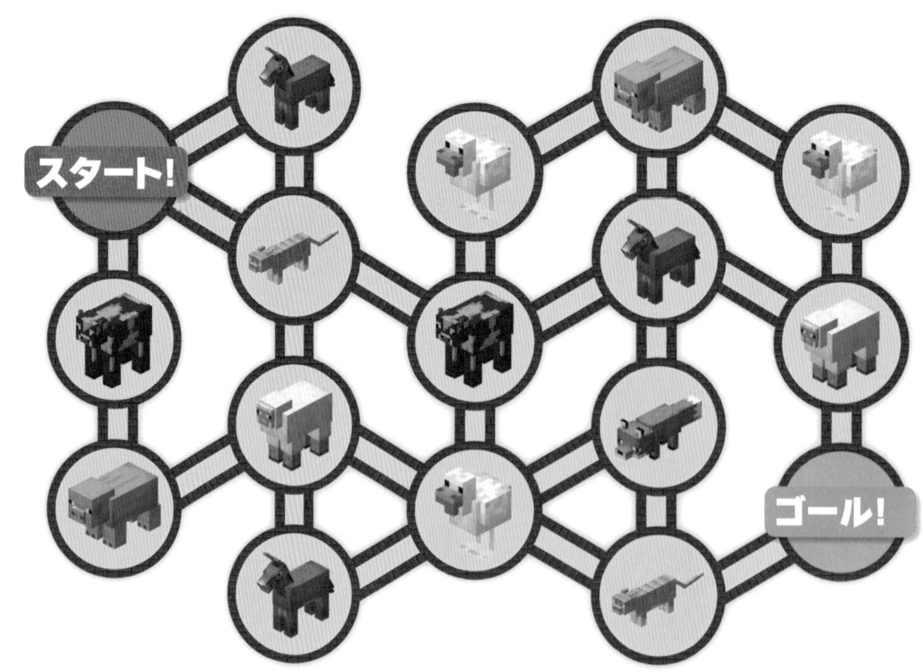

どうぶつの肉は　かまどで　やいてから　たべるようにすると　かいふく力が　アップするわ！　ニワトリの肉は　生だと　しょくちゅうどくに　なるわよ！

2 はたけで　さくもつを　そだてよう

クワをつかって　土をたがやすことで　さくもつを　そだられるはたけを　つくることができます。このたがやした土（耕土）の上で　しょくりょうに　かこうできる小麦などを　そだてることができます。

1 水バケツで、水をすべての耕土（　）に　とどくように　ながしたいとおもいます。水は　7マスまで　とどきます。A～Dのどのばしょに　ながせば　よいでしょう？

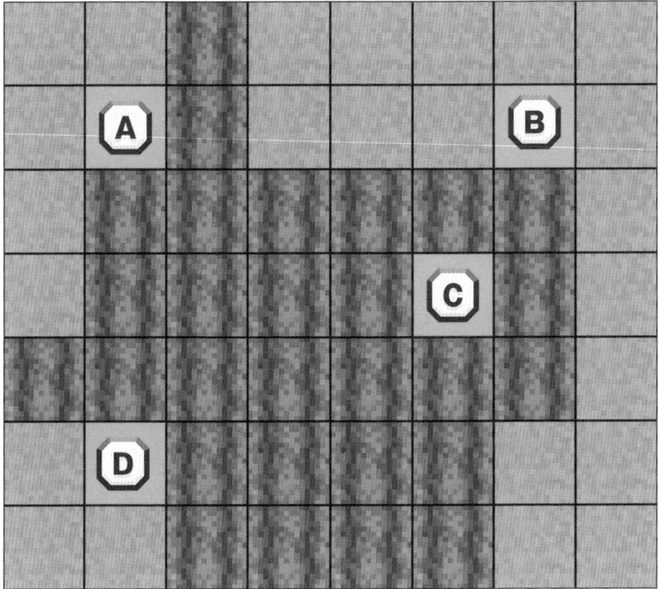

かぞえかたの　ちゅうい

斜めのマスに　いどうするばあいは　2マスとしてかぞえます。

1マス

2マス

答え.　　のばしょ

2 種（　）をまいて　小麦をそだてたら　小麦が12個しゅうかくできました。小麦3個をクラフトすると　パン（　）1個になります。パンは何個作れますか？

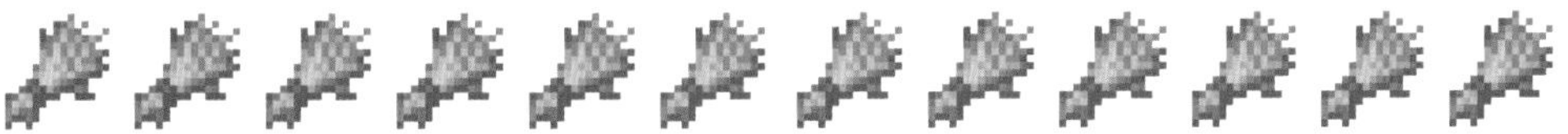

小麦 12個

答え.　　個

マイクラ攻略まめちしき

俵ブロックを　こわすと　小麦が　手に入る

村にある　俵ブロックを　こわすことで　小麦を　9個手に入れることが　できる。村を　見つけることが　できたら、ゲームじょばんでの　しょくりょうとして　ゆうこうに　つかおう。

14

プログラミング

どうぶつを　あつめよう!

マイクラでは　多くのどうぶつと　であうことが
できるぞ！　いえに　つれてかえることが　できる
どうぶつも　いるのじゃ！

クリアした日
月　日

1 どうぶつの数を　くらべよう

下の　どうぶつを見て　つぎのもんだいぶんに「多い」「少ない」「おなじ」のどれかを　かきこんで　ぶんしょうを　かんせいさせましょう。

① ネコの数は　馬の数より

② 馬の数と　キツネの数を　くらべると

③ ニワトリの数は　ほかのどうぶつの数より

2 きまった はんいの どうぶつを 数えよう

スティーブと、アレックスのまわりに どうぶつがいます。スティーブと アレックスのまわりにいる どうぶつについて つぎの もんだいに 答えましょう。

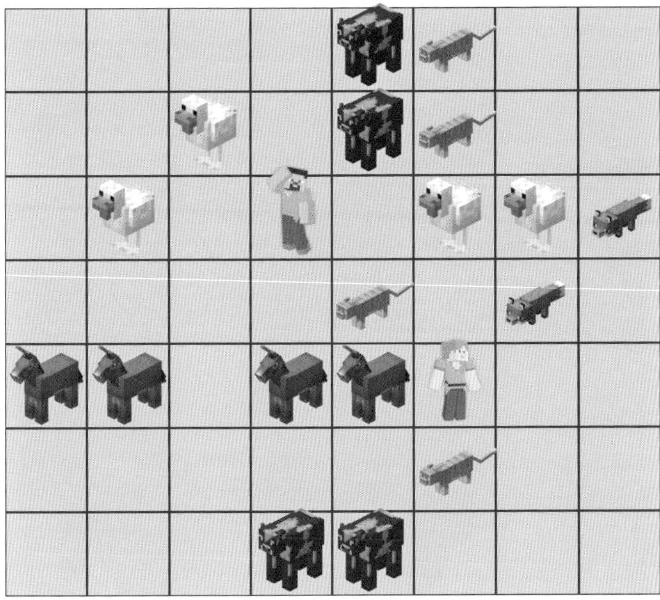

かぞえかたの ちゅうい

斜めのマスに いどうする ばあいは 2マスとしてかぞえます。

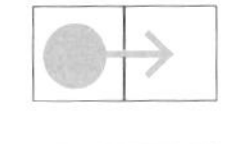
1マス

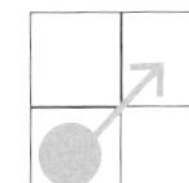
2マス

スティーブ

アレックス

1. スティーブから4マスの はんいにいる 牛と馬の数を あわせると いくつですか。

答え.

2. アレックスから3マスの はんいにいる ネコ、ニワトリ、馬の数を あわせると いくつになりますか。

答え.

マイクラ攻略まめちしき

どうぶつは ボートに のせることが できる

ボートを どうぶつにむかって つかうと、どうぶつをボートに のせることができる。じぶんも ボートにのりこむと そのまま つれていくことが できるぞ。ボートからおりて ボートをこわすと どうぶつを おろすことができる。

さんすう・プログラミング

15 どうぶつを しいく しよう!

マイクラの どうぶつは あつめて しいくすることができるぞ！ ペアを作った どうぶつに きまった エサをあげることで はんしょくさせて ふやすことも できるのじゃ！

クリアした日

月 日

1 はんしょくの ための エサを かくにんする

どうぶつの はんしょくの ために つかうえさを たしかめてみましょう。けいさんもんだいの 答えが おなじに なるものを せんで むすぶと たしかめる ことが できます。

牛・羊

7+7+5 = □

ニワトリ

5+5+6 = □

馬

3+3+4 = □

豚

8-2+8 = □

種

9+5+2 = □

金のニンジン

9-4+5 = □

小麦

2+9+8 = □

ニンジン

3+7+4 = □

2 ペアになる　どうぶつを　つなごう

下の絵の中に　ならんでいる　どうぶつたちを　ペアになるものを　えらんで　せんで　つなぎましょう。

つなぎかたの　れい

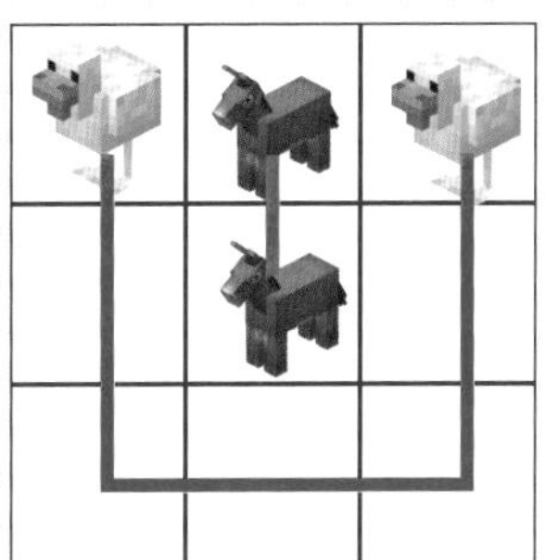

せんをひくときの　ちゅういてん

せんは　1マスに1本しかひけません。また、せんが　こうさ　したり　斜めにすすむことも　できません。

ヒント！

まずは　そとがわに　いる　どうぶつから　つないでいくと　わかりやすいかも？

マイクラ攻略まめちしき

馬とロバで　ラバが　生まれる

馬とロバで　はんしょくさせると　ラバが生まれる。　ラバどうしの　あいだに　こどもは　生まれないぞ。金のニンジンは　きちょうなので　まちがって　使わないようにしよう

16

さんすう

村人と　とりひきを　しよう

村は　いろいろ　べんりな　アイテムが　手に入るので、見つけたら　ぜひ　よりたい　ばしょじゃ！村に　すんでいる　村人は、エメラルドを　もっていれば　とりひきを　することも　かのうじゃよ。

クリアした日

月　日

1 村人たちの　もんだいに　こたえよう

村を　見つけたので　よってみたところ、村人たちは　スティーブを　かんげいして　くれました。村人は「けいさんが　できたら　とりひきを　してやろう」と　いってきました。村人たちが　出す　もんだいを　といてみましょう。

15+12=

17+26=

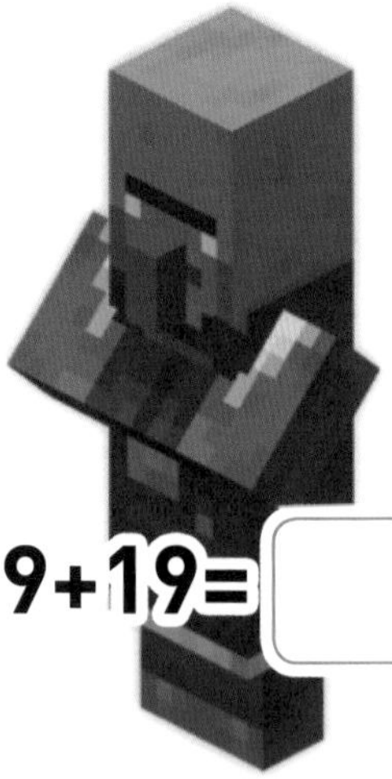

19+19=

30-12=

53-22=

87-63=

2 エメラルドで　村人と　とりひきを　する

村人は、エメラルドをもって　はなしかけると　とりひきを　もちかけてきます。とりひきができる　アイテムは、村人の　しょくぎょうに　よって　ちがうようです。つぎの　文しょうを　よくよんで、もんだいに　答えましょう。

1 のうみんは、エメラルド1個で　パン6個と　こうかん　してくれます。エメラルドを　3個わたしたら、パンを　何個　もらうことが　できるでしょうか。

答え. パンは　□　個もらえる

2 聖しょくしゃは、エメラルド5個で　エンダーパール1個と　こうかん　してくれます。エンダーパールを　3個もらうためには、何個の　エメラルドが　ひつようでしょうか。

答え. エメラルドは　□　個ひつよう

3 ぼう具かじしは、エメラルド9個で　鉄の胸当て、エメラルド5個で　鉄のヘルメット、エメラルド4個で　鉄のブーツと　こうかん　してくれます。この3つのぼう具と　こうかん　するために、エメラルドを20個　ようい　しました。とりひきの　あとに　のこった　エメラルドは　何個でしょうか。

答え. エメラルドは　□　個のこる

マイクラ攻略まめちしき　腐った肉が　とりひきで　おどろきの　アイテムに!?

村人との　とりひきには、エメラルドが　ひつように　なることが　ほとんどだが、エメラルドいがいでも　とりひき　できる　ものがある。聖しょくしゃは、なんと　腐った肉32個で　エメラルド1個と　こうかん　してくれるのだ。腐った肉を　大りょうに　あつめて　こうかん　すれば、こうせいのうな　エンチャントそうびを　とりひきで　手に入れることも　ゆめじゃないぞ。

17

さんすう・プログラミング

いろいろな　鉱石を　あつめよう

どうくつの　中では　いろいろな　鉱石が　見つけられるんじゃ。鉱石は　いろいろな　つかい道が　あるから、できるだけ　あつめておくと　いいぞ！　金や　エメラルドが　見つかると　いいのう！

クリアした日

月　　日

1 鉱石のある　ばしょに　のぼろう

どうくつを　たんさくしていたら、がけの上に　エメラルド鉱石を　はっけん　しました。スティーブが　Aのばしょまで　上れる　ルートを　さがしましょう。ただし、スティーブは　1ブロックより　たかくジャンプが　できません。

いどうのルール

前後左右の　一だん高い　ブロックには　ジャンプで　のぼれます。斜めの　いちにある　一だん高い　ブロックには　ジャンプで　上れません。

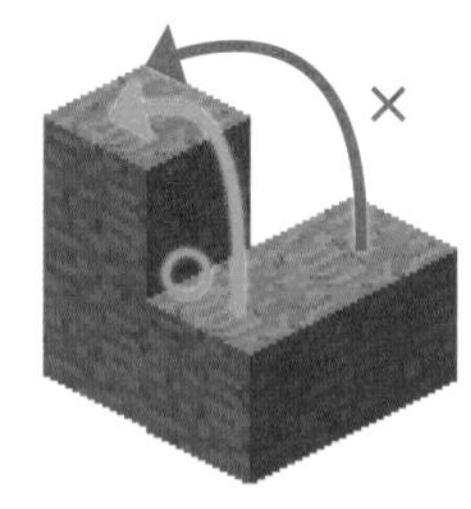

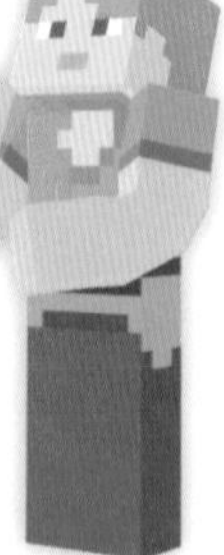

上れる　ルートは　ひとつとは　かぎらないよ！

2 あつめた 鉱石を せいり しよう

あつめた 鉱石は チェストに入れて、ほかんや せいりを しておきましょう。3つのチェストには それぞれ鉱石が 入っています。この3つのチェストに ついかで 鉱石を 入れようと おもいます。チェストに入っている 鉱石の しゅるいと数が 3つとも おなじになるように せんで つないでみましょう。

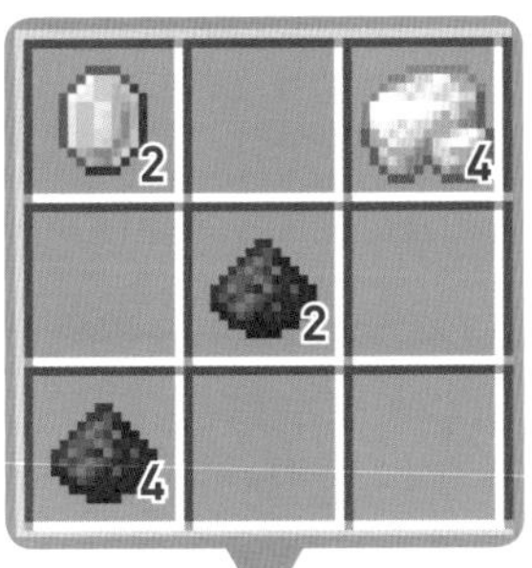

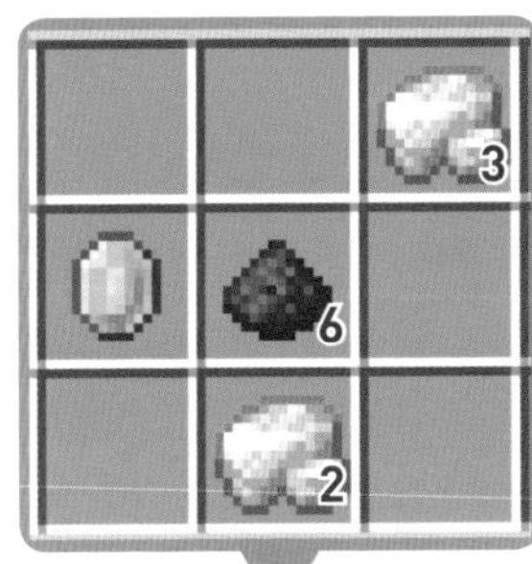

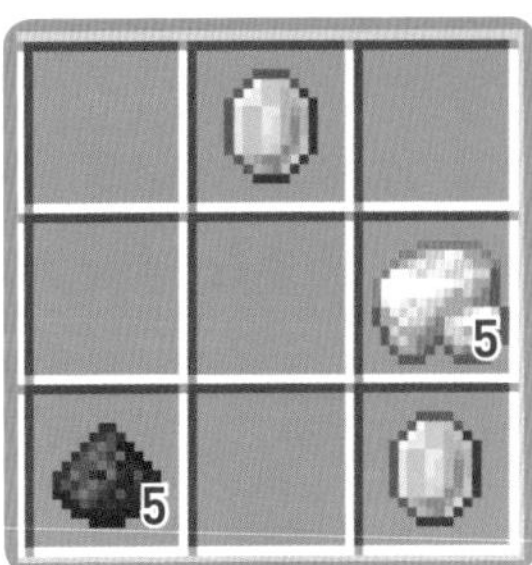

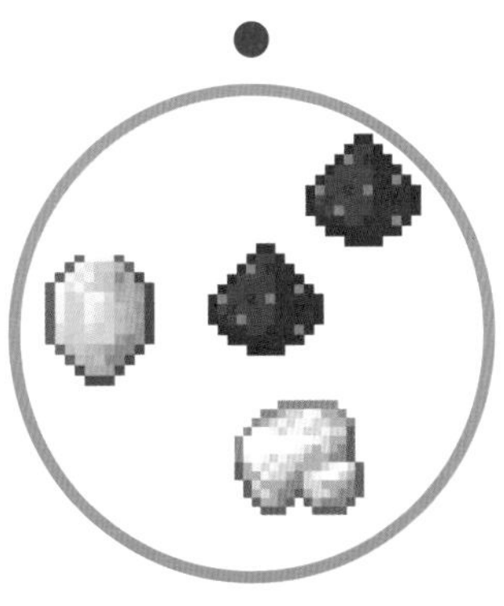

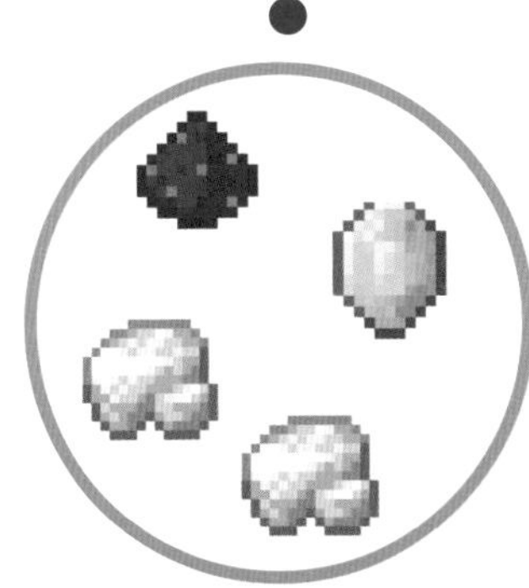

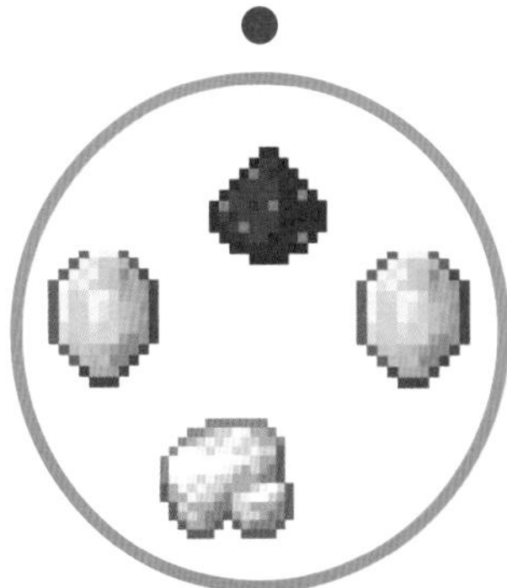

マイクラ攻略まめちしき エンダーチェストがあれば 鉱石あつめも ラクラク

鉱石を あつめるのに ねっ中すると、 アイテムが すぐに いっぱいに なってしまう。鉱石を 何ども いえに もってかえるのは たいへんだが、 エンダーチェストが あれば、そんな くろうは もうなくなるぞ。エンダーチェストは、入れたアイテムを ほかの エンダーチェストと きょうゆうできるので、いえと そとに エンダーチェストを おけば、 いえと そとで どちらでも おなじ アイテムを いつでも とり出すことが できるのだ。

18

さんすう・プログラミング

ダイヤモンドを　さがそう！

ちかで　手に入る　そざいとして　もっとも
レアなのが　ダイヤモンドじゃ！　ダイヤモンドで
できた　そうびは　とても　きょう力なので、
がんばって　見つけよう！

クリアした日

月　日

1 ダイヤモンドを　めざそう

さいくつ中に　黒曜石に　ぶつかると、鉄のツルハシでは　ほりすすむことが
できません。スタートから　さいくつしていった　ばあいに　1ばんちかい
ダイヤモンドは、A～Dの　どれになるでしょうか？

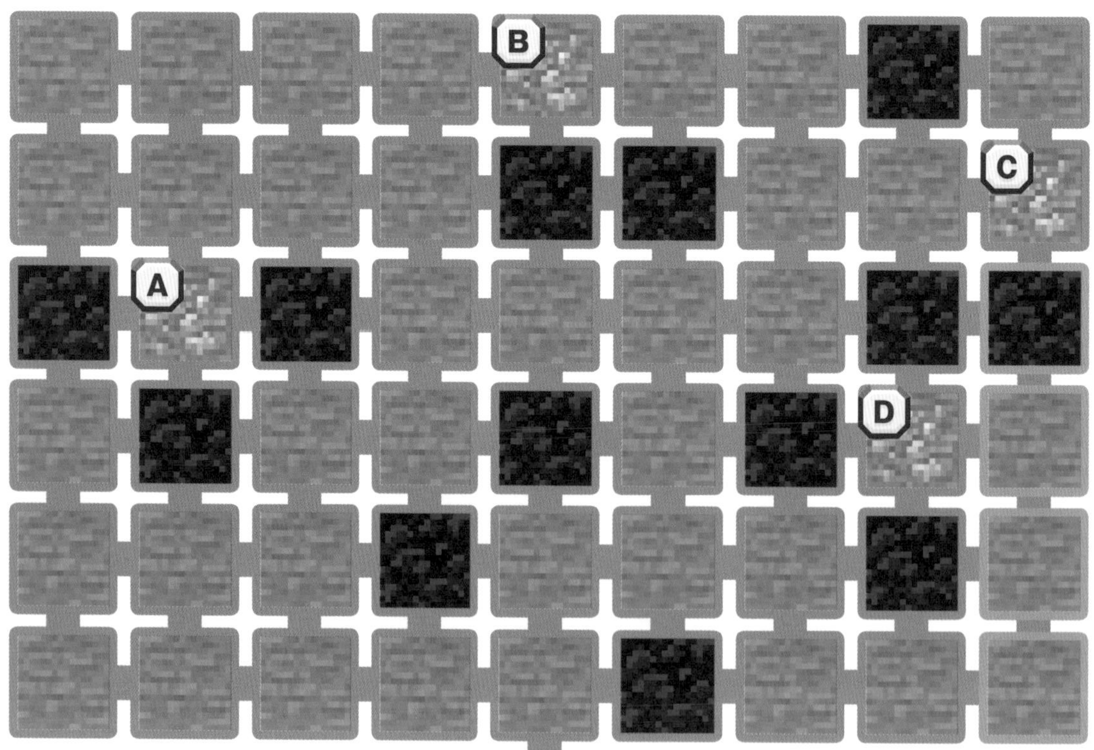

答え.　　のダイヤモンド

1 ダイヤモンドは　いくつ　手に入る?

ダイヤモンドなどの　鉱石は、幸運エンチャントが　ついたツルハシを　つかうと ふだんより　たくさん鉱石が　ドロップします。スティーブは　幸運レベル3が ついた　ツルハシを　もっており、ダイヤモンド鉱石を　こわすと　1～4個の ダイヤモンドが　ドロップします。つぎの　もんだいに　答えましょう。

1 ダイヤモンド鉱石を　幸運エンチャントのツルハシで　3回こわしました。1回目に2個、2回目に3個、3回目に1個の　ダイヤモンドが　出てきました。あわせて　ダイヤモンドは　何個　落ちたでしょう?

 2個　 3個　 1個

答え. あわせて　[　　]　個

2 ダイヤモンド鉱石を　幸運エンチャントのツルハシで　3回こわしました。2回目におちた　ダイヤモンドは　3個で、3回あわせて　ダイヤモンドは　11個落ちています。1回目と3回目に　ダイヤモンドが　出た数は　何個でしょう?

合計

11個

?個　 3個　?個

答え. 1回目は　[　　]　個、3回目は　[　　]　個

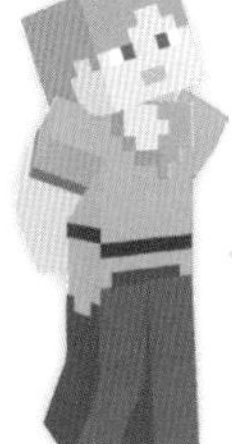

ヒント!

2のもんだいは　ちょっとむずかしいけれど、1回目と3回目の　ドロップの　ごうけいが　わかれば　答えを　見つけやすいよ!

マイクラ攻略まめちしき

ダイヤモンドを　見つけやすい　高さがある!

レアな　鉱石の　ダイヤモンドは、そうびや　道具の　そざいとして　とても　ゆうしゅうなので、できれば　たくさん　手に入れたい。じつは、ダイヤモンドは　出やすい　ばしょが　きまっている。ダイヤモンドは　Y座標が　-55くらいの　ふかさで　出ることが　多い。座標は　せっていにある「座標を表示」を　オンにすれば、がめんの左上に　ひょうじ　されるようになる。

19

さんすう

モンスターを　たおして　出口(でぐち)に　むかえ!

ダイヤモンドも　手(て)に入(はい)ったので　いえに　もどりたい　ところじゃが、モンスターが　かえり道(みち)を　じゃましておるぞ。モンスターを　たおしながら　出口(でぐち)へ　むかうしか　なさそうじゃ！

クリアした日(ひ)

月(がつ)　　日(にち)

1 けいさんしながら　ゴールを　めざそう

モンスターが　いるマスは、けいさんの　答(こた)えが　つぎの　もんだいの　さいしょの　数字(すうじ)と　おなじマスにだけ　すすむことが　できます。
正(ただ)しいルートを　たどって　ゴールを　めざしましょう。

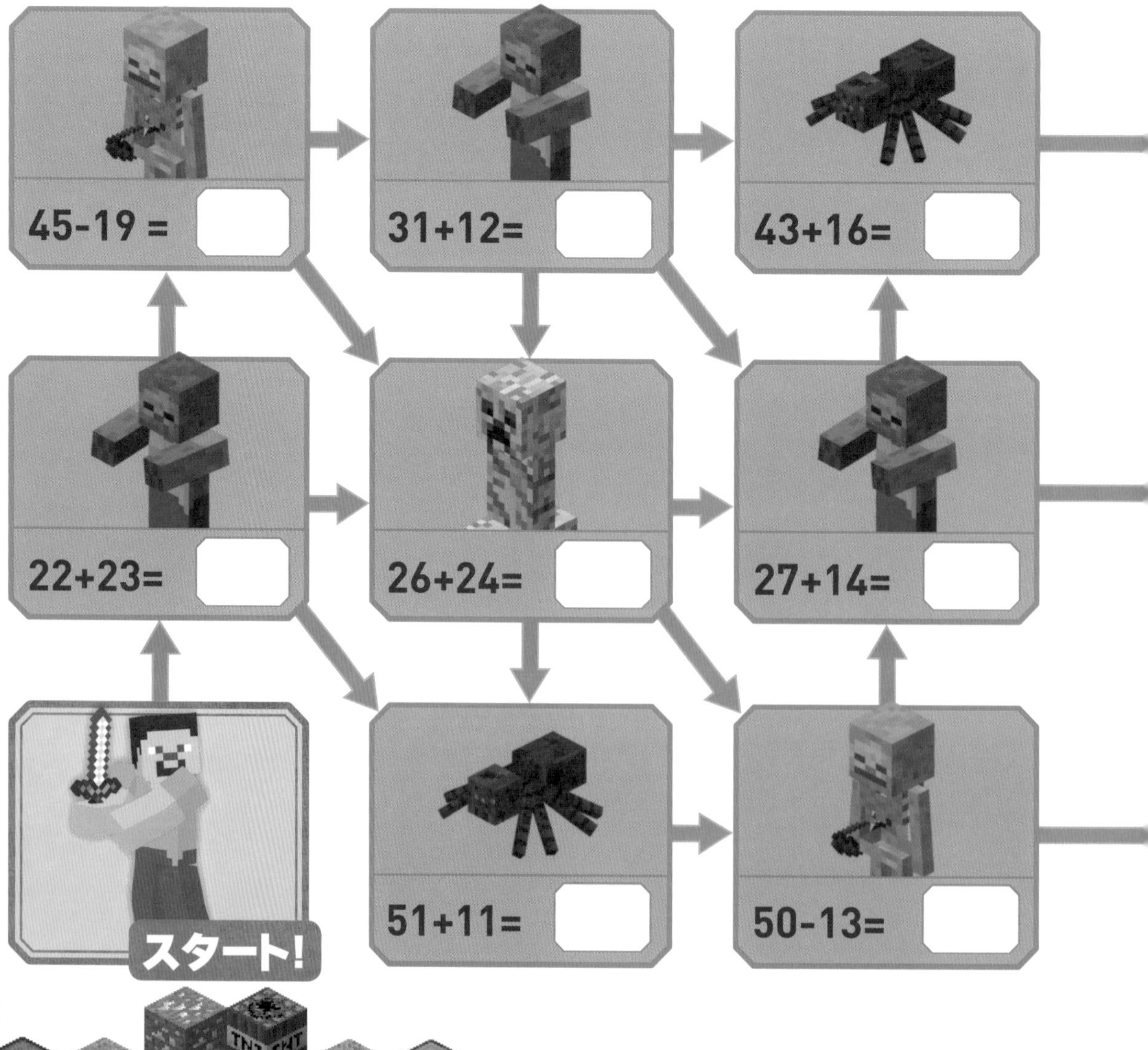

45-19 =

31+12=

43+16=

22+23=

26+24=

27+14=

スタート!

51+11=

50-13=

マイクラ攻略まめちしき

クリーパーは　かみなりで　パワーアップする！

クリーパーに　かみなりが　おちると、
でんきの力を　まとって　帯電クリーパーに
へんしんする。からだに　でんきが　ながれ、
ばくはつの　はかい力が　アップしているぞ。
レアだが　きけんなので　ちかづかないように！

つぎのマスの　さいしょの
数字を　よく見てから
すすみましょう！

10+12= 22 → 22+13= 　○ すすめる

12+13= 25 → 22+13= 　× すすめない

57-11=

46+17=

50+49=

25+32=

48+12=

63-13=

37-12=

55-12=

43+15=

さんすう・プログラミング

20 ダイヤモンドで　そうびを　作ろう

ネザーや　ジ・エンドの　こうりゃくに　そなえるため、手に入れた　ダイヤモンドで　ぶきやぼうぐを　作ろう！　ダイヤそうびは　こうせいのうなので、ラスボスまで　つかえるぞ！

クリアした日
月　　日

1 ぼうぎょ力を　けいさんしよう

あつめた　ダイヤモンドで　ぶきや　ぼうぐを　作りなおそうと　おもいます。げんざいの　そうびと　ダイヤモンドそうびの　ぼうぎょ力は　下のようになります。つぎの　もんだいに　答えましょう

もとの　そうび

そうび	ぼうぎょ力
金のヘルメット	2
鉄の胸当て	6
(そうび　なし)	0
鉄のブーツ	2

あたらしい　そうび

そうび	ぼうぎょ力
ダイヤモンドのヘルメット	3
ダイヤモンドの胸当て	8
ダイヤモンドの脚甲	6
ダイヤモンドのブーツ	3

(1) もとのそうびから　あたらしい　そうびに　きがえると、ぼうぎょ力はどれだけ上がるでしょう？

答え. ぼうぎょ力が　[　　]　上がる

(2) ダイヤモンドを　せつやくしたいので、ダイヤモンドのヘルメットだけは　作るのを　やめて、金のヘルメットを　そのまま　そうびすることに　しました。このとき、きがえた　あとの　ぼうぎょ力は　いくつに　なるでしょう？

答え. ぼうぎょ力は　[　　]

2 ダイヤモンドの剣の　せいのうを　チェック

ダイヤモンドの剣は、1回の　こうげきで　あいてに
ハート3個と半分の　ダメージを　あたえることが
できます。下の　どうぶつや　モンスターは、
ダイヤモンドの剣で　何回　こうげきすれば
たおせるでしょう？

ダイヤモンドの剣

こうげき力：

ニワトリ

HP:

答え.　　かい

牛

HP:

答え.　　かい

クモ

HP:

答え.　　かい

クリーパー

HP:

答え.　　かい

ウィッチ

HP:

答え.　　かい

エンダーマン

HP:

答え.　　かい

マイクラ攻略まめちしき　ダイヤモンドより　つよいそうびが　ある!?

ダイヤモンドで　作った　そうびは　マイクラでも　さいきょうそうびの　ひとつだが、じつは
ダイヤモンドの　そうびを　こえる　せいのうの　そうびが　そんざいする。ネザライトという
シリーズの　そうびで、ダイヤモンドそうびに　「古代のがれき」という　レアなブロックから
とり出した　そざいと　ごうせいすることで　作ることが　できるのだ！

さんすう

21 ネザーゲートを　作ろう

ラスボスが　いるせかいに　つうじる　入り口を　ひらくには、ネザーという　べつのせかいで　手に入る　アイテムが　ひつようじゃ！　ネザーには「ネザーゲート」で　行くことが　できるぞ！

クリアした日

月　　日

1 黒曜石を　あつめよう

ネザーゲートを　作るためには、黒曜石が　ひつようです。黒曜石は、ようがんに　水を　かけると　作ることができます。水を　入れた前後左右4かしょの　ようがんが　黒曜石に　なります。つぎの　もんだいに　答えましょう。

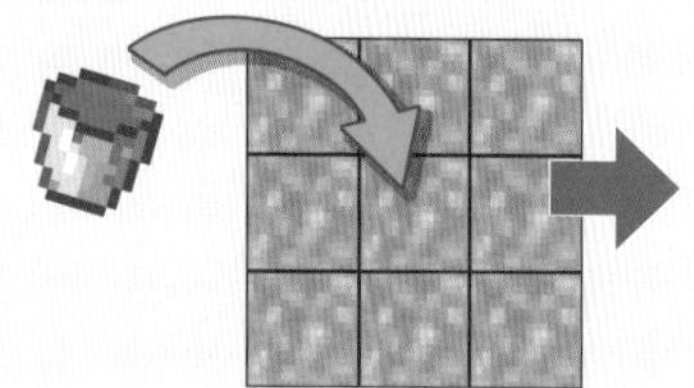

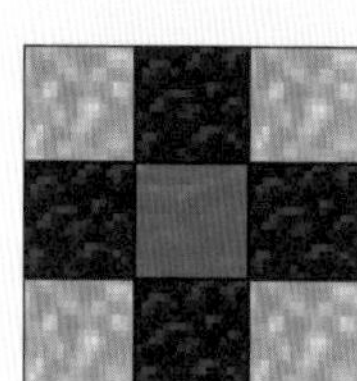

水を　入れたマスの　となりに　ある　ようがんは　黒曜石に　なります。

あなたは　2つの　水バケツを　もっています。Aの　ようがんのいけで　2回、Bの　ようがんのいけで　2回　それぞれ　水バケツが　つかえるとして、どこに　水をかけると　もっとも多く　黒曜石が　手に入るでしょうか。AとBの　ようがんで、水を入れるばしょ　2かしょずつに　○を　つけてみましょう。

A

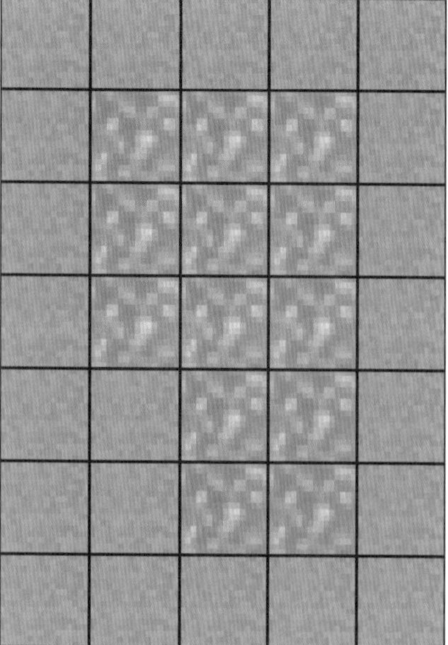

B

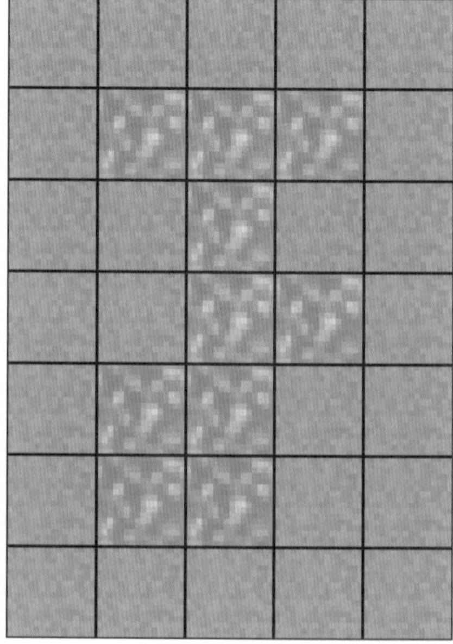

2 ネザーゲートを　作ってみよう

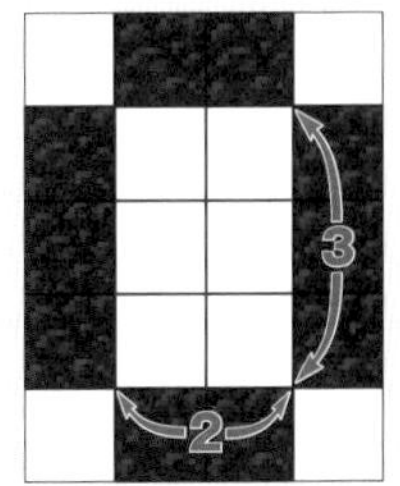

ネザーゲートは　たかさ3～21ブロック、はば2～21ブロックの　黒曜石で　かこまれた　くうかんを　作るひつようがあります（右は、黒曜石が　いちばん　すくなく　作れるネザーゲートです）。ちかくに、壊れた　ネザーゲートがありました。これを　なおして　ネザーゲートに　しようとおもいます。つぎの　もんだいに　答えましょう。

下の　壊れたネザーゲートに　黒曜石を　ついかして、ネザーゲートを　作ります。このとき、いちばん　すくないかずで　ネザーゲートを　作ったばあい、ひつようになる　黒曜石の　数は　何個に　なるでしょう？

A

答え.　　　個で　作れる

B

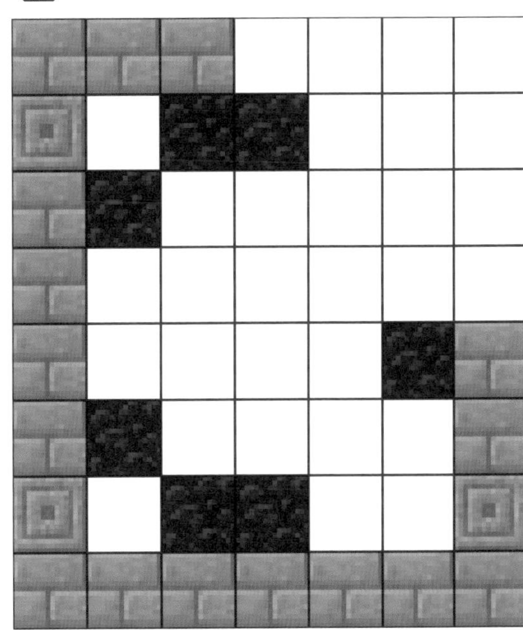

答え.　　　個で　作れる

マイクラ攻略まめちしき

火打ち石と打ち金の　作り方

ネザーゲートは、作ったあとに　うちがわに　火を　つけないと　ネザーゲートの　入り口がひらかない。火を　つけるには「火打ち石と打ち金」が　ひつようで、作るには　火打ち石と鉄インゴットが　ひつようなのだが、火打ち石の　入手ほうほうは　しらない人が　いがいと多い。火打ち石は、川ぞこにある　砂利ブロックを　こわすと　たまに　ドロップする。

22

さんすう・プログラミング

ピグリンようさいを　さがそう

ピグリンようさいには　多(おお)くのピグリンがいて、
大(たい)りょうの　金(きん)を　ためこんでいるんじゃ！
金(きん)は　ピグリンとの　とりひきにも　つかえるので
ピグリンの　すきをついて　いただいておこう！

クリアした日(ひ)

月(がつ)　日(にち)

1 ようさいまでの　めいろを　こうりゃく

ピグリンようさいは　ようがんの　めいろの　むこうに　あります。
おなじみちを　とおらないようにして　ゴールまで　むかいましょう。
めいろの　ようがんは　とおりぬけることが　できませんが、
ストライダーを1体(たい)ひろうと　1回(かい)だけ　とおりぬけられます。

ストライダー

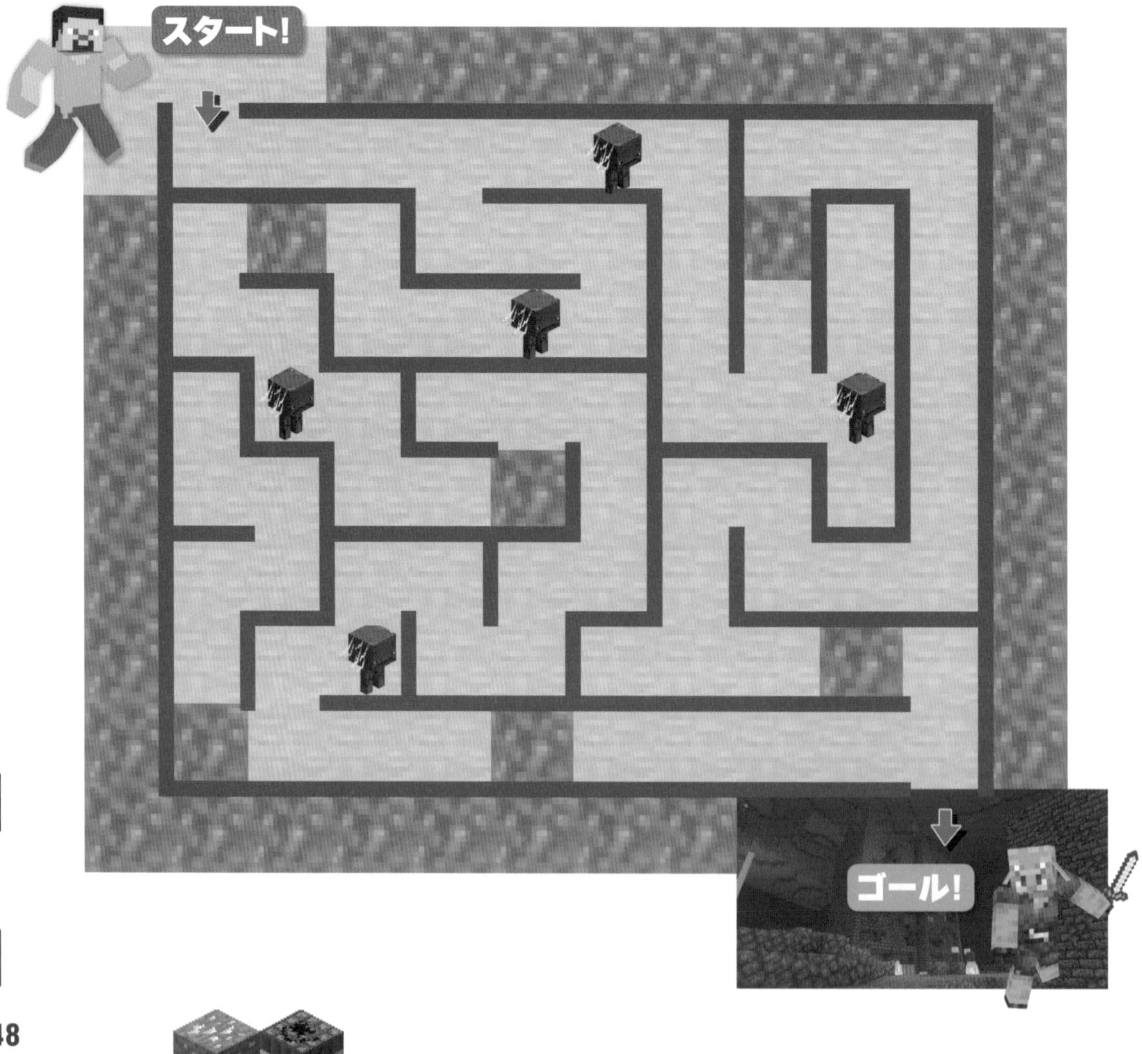

スタート！

ゴール！

2 ピグリンの　金ブロックを　かぞえる

ピグリンようさいに　たどりつくと、ピグリンが　ためこんでいた　金ブロックを見つけることが　できました。金ブロックが　何個あるかを　数えてみましょう。

かぞえかたの　ちゅうい

左のような　ブロックの　おきかたは、おくの　ブロックは　2個　つみ上がっているので、正かいは　4個になります。

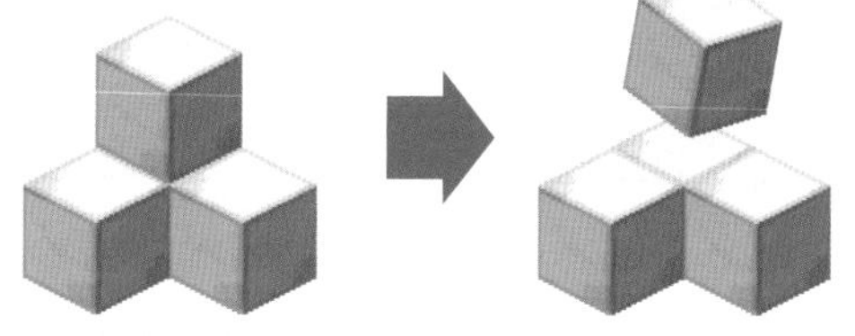

A

答え. 金ブロックは　[　]　個

B

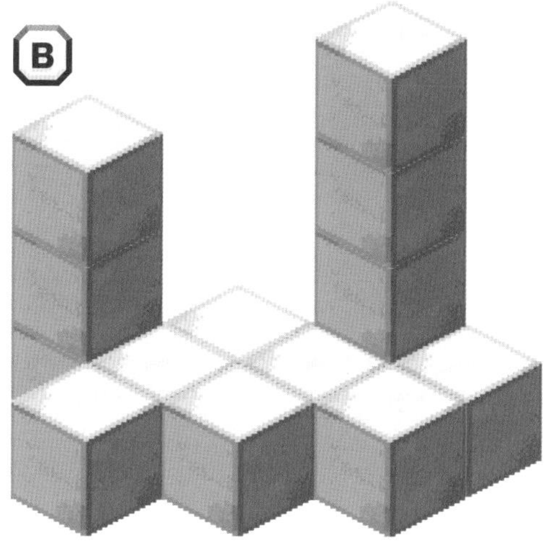

答え. 金ブロックは　[　]　個

C

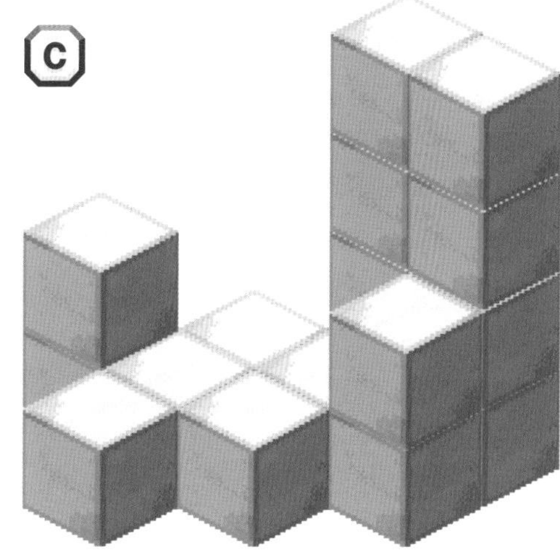

答え. 金ブロックは　[　]　個

マイクラ攻略まめちしき

金のそうびで　ピグリンと　なかよくできる

ピグリンは　プレイヤーを　見つけると　こうげきしてくるが、1かしょだけでも　金のぼう具をつけていると、なかまだと　おもって　こうげきしなくなる。ピグリンが　いるばしょでは　かならず　からだの　どこかに　金のぼう具を　つけよう。ただし、ピグリンの　目のまえで　金をひろったり　チェストを　あけると　どろぼうと　おもわれ　こうげきされてしまう。もしそうなってしまったら、かくごを　きめて　たたかうか、ひたすら　ピグリンから　にげよう。

さんすう

23 ピグリンたちと　大げきとう！

ピグリンたちが　あつめた　金に　手を出したら、見つかってしまった！　おこって　こうげきして　きたので、こちらも　はんげきじゃ！　どんどん　あつまるので　早めに　げきは　しよう！

クリアした日
月　日

1 けいさんして　ピグリンを　たおそう

ピグリンたちの　からだの　まわりにある　数字は、下のしきの　空白ぶぶんに　あてはめることが　できます。くみあわせて　正しいしきを　作って　ピグリンを　やっつけましょう。

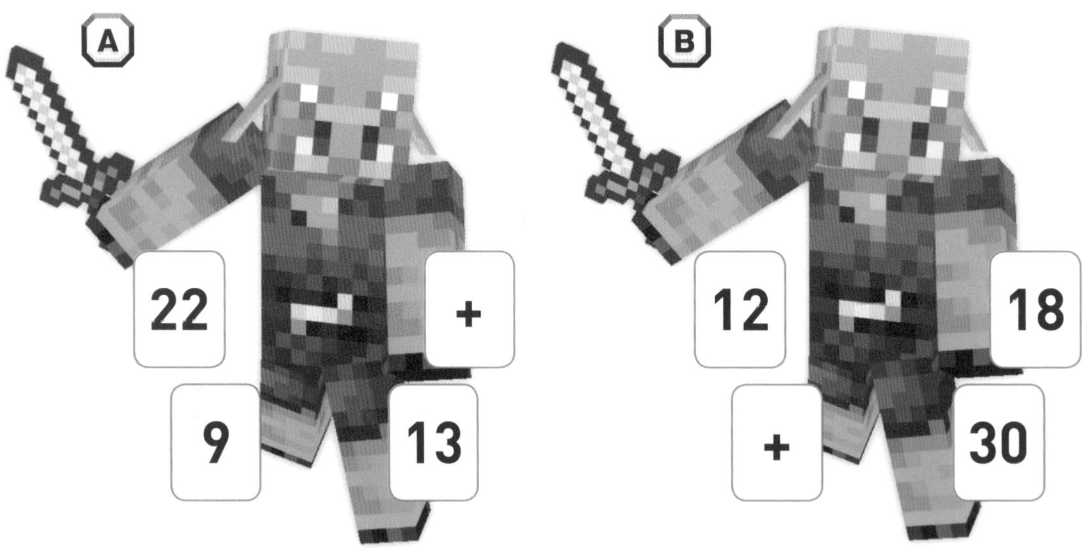

Ⓐ  = 

Ⓑ  = 

おちついて、いろいろな　くみあわせの　けいさんを　ためしてみましょう！

2 けいさんして　ピグリンブルートを　たおそう

からくも　ピグリンたちを　たおせましたが、こんどは　もっとつよい　ピグリンブルートが　おそってきました。ピグリンよりも　むずかしい　けいさんしきになっています。正しい　しきを　作って　ピグリンブルートを　たおしましょう

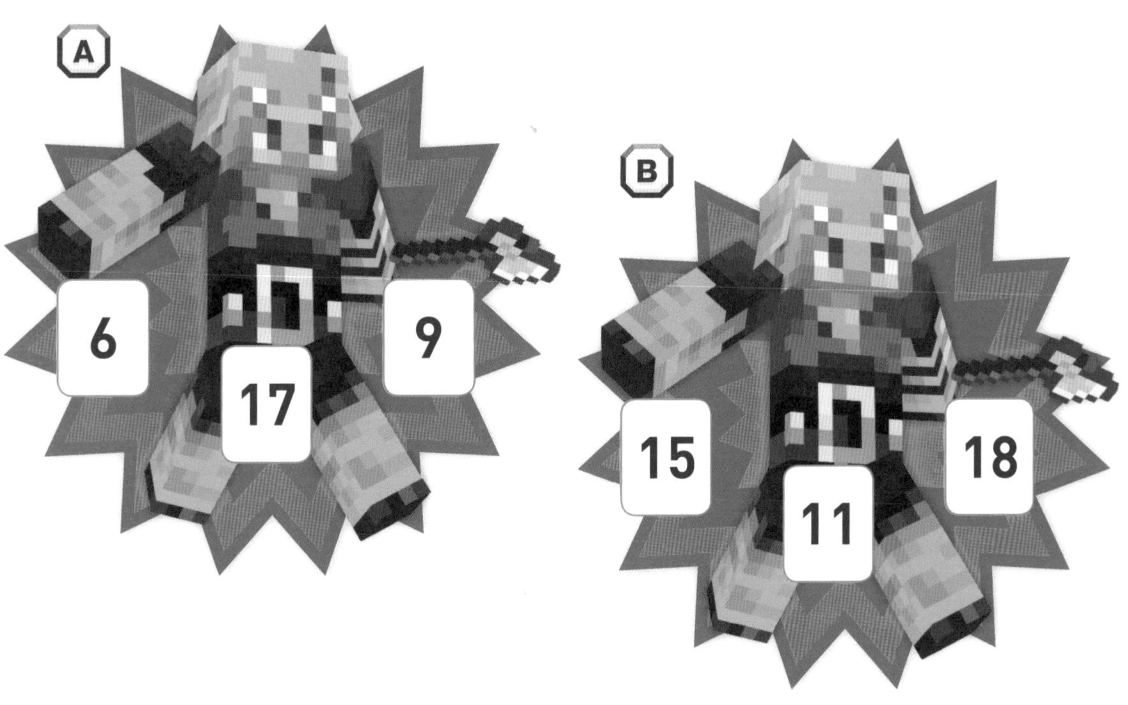

Ⓐ　20　＋　□　－　□　＝　□

Ⓑ　□　＋　14　－　□　＝　□

マイクラ攻略まめちしき

ピグリンブルートには　金そうびが　通用しない！

ピグリンブルートは　とてもおこりっぽい　せいかくをしているため、金そうびを　つけていてもプレイヤーを　おそってくる。しかも、ピグリンブルートを　こうげきすると、ちかくにいるふつうのピグリンも　プレイヤーを　こうげきするようになるので、かなり　きけんなあいてだ。ただし、ピグリンブルートは　ピグリンようさいでしか　スポーンせず、いちど　たおせばふたたび　スポーンすることはない。何ども　たたかわずに　すむのは　ありがたい。

さんすう・プログラミング

ピグリンと　とりひきを　しよう

ピグリンようさいの　ピグリンたちを　おこらせて
しまったので、べつのピグリンと　とりひきしよう。
ピグリンの　足(あし)もとに　金(きん)の延(の)べ棒(ぼう)を　おとすと、
いろいろな　アイテムと　こうかんできるぞ。

クリアした日(ひ)

月(がつ)　日(にち)

1 とりひきできる　ピグリンに　あいに行(い)く

ピグリンが　いるゴールまで、おちている　金(きん)のそうびを　ぜんぶあつめながら
むかいましょう。ただし、ゴールするまでに　おなじ道(みち)を　2回(かい)とおっては
いけません。

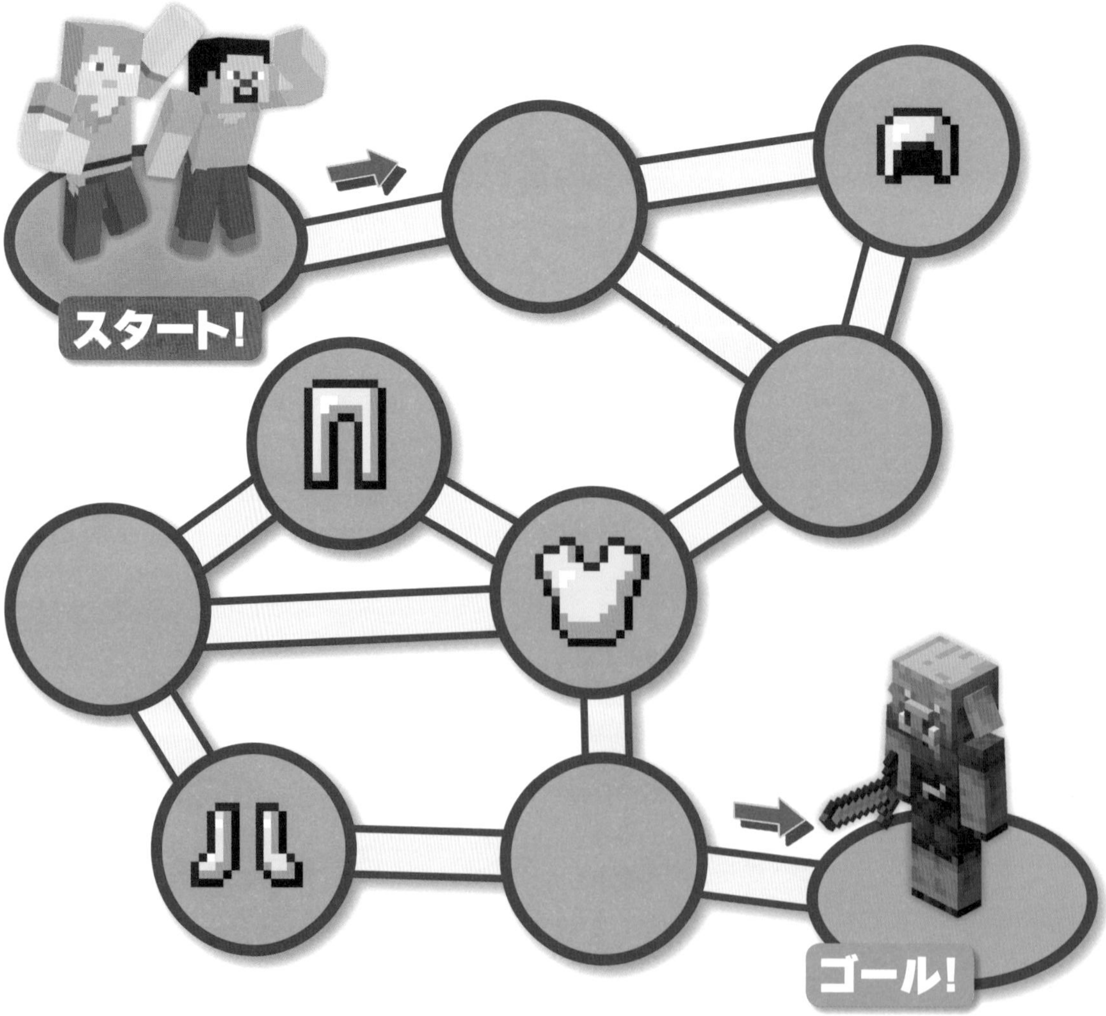

スタート!

ゴール!

2 とりひきで　エンダーパールを　あつめる

むかった先にいた　ピグリンと　とりひきを　します。このピグリンは、金の延べ棒を　わたすと、やじるしの　じゅんに　アイテムを　くれるようです。つぎの　もんだいに　答えましょう。

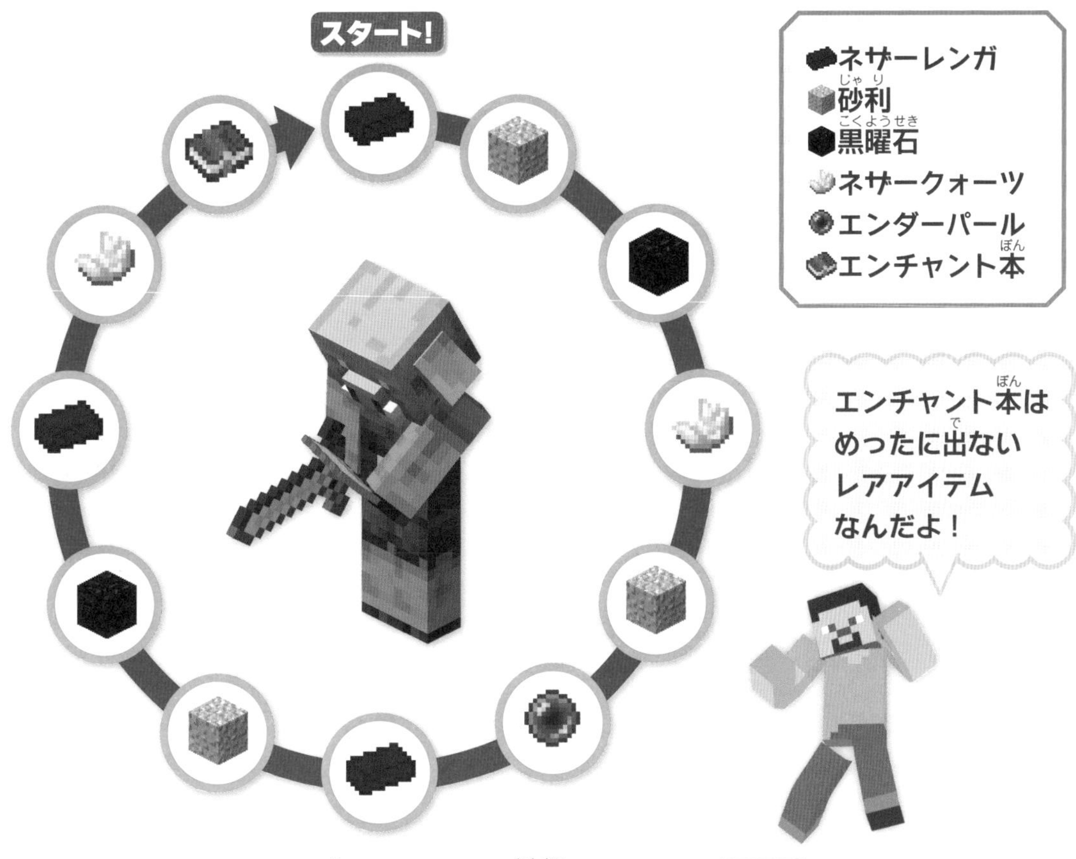

① エンダーパールを　3個もらうには、何回とりひきを　すれば　いいでしょうか？

答え.　　　　回　とりひきする

② エンダーパールを　3個もらうまでに、砂利は　何個　手に入るでしょうか？

答え. 砂利は　　　　個　手に入る

マイクラ攻略まめちしき

レア入手で　ソウルスピードのエンチャント本を　ゲット!

ピグリンとの　とりひきで、とてもひくい　かくりつで　手に入ることがある「ソウルスピードのエンチャント本」は、ピグリンからしか　入手できない　とてもレアな　エンチャント本だ。ソウルスピードは　ブーツに　つけられるエンチャントで、ソウルサンドや　ソウルソイルなどの　ブロックの上を　いどうすると　スピードアップする。ネザーの　いどうが　ラクになるぞ。

さんすう・プログラミング

25 ネザーようさいの　たたかい

ネザーようさいは、きょう力な　モンスターがいる
きけんな　ばしょじゃ！　しかし、ジ・エンドに
行くためには、ここにいる　ブレイズが　おとす
そざいが　ぜったいに　ひつようになるんじゃ！

クリアした日
月　日

1 答えが　50より大きい　マスをすすもう

ネザーようさいの　中には、多くのモンスターたちが　まちかまえています。
モンスターは、けいさんの　答えが　50より大きければ　たおすことが
できます。ゴールまで　たどりつける　ルートを　さがしましょう。

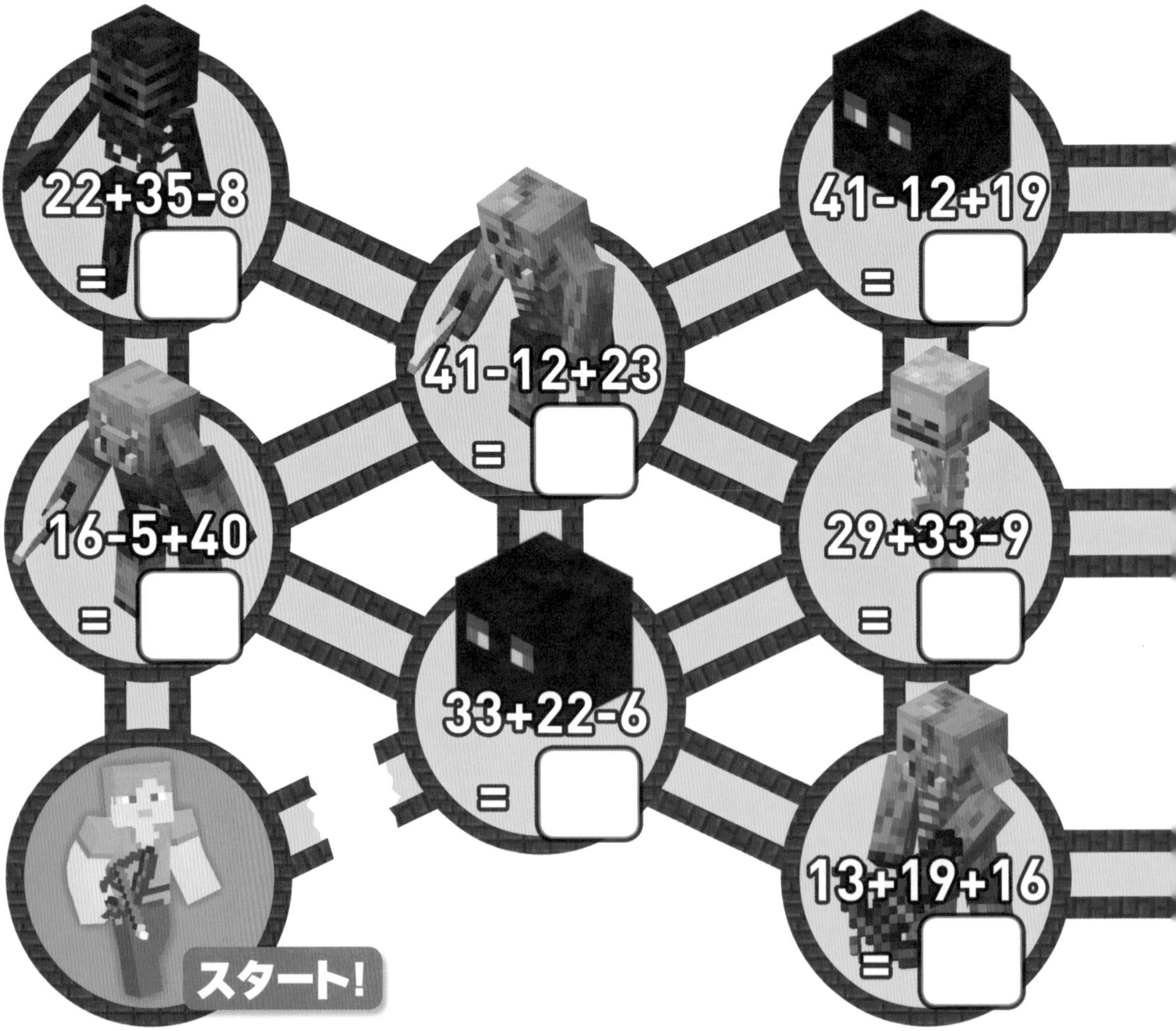

22+35-8 = □

41-12+23 = □

41-12+19 = □

16-5+40 = □

29+33-9 = □

33+22-6 = □

13+19+16 = □

スタート！

マイクラ攻略まめちしき　ウィザースケルトンの　弱点

ネザーようさいにいる　モンスターの中でも　ウィザースケルトンは、プレイヤーの　たい力を　うばう　すいじゃく効果を　あたえてくる、とくに　きけんな　モンスターだ。ウィザースケルトンは　せが高いので、高さが　3ブロックいじょうの　つうろにしか　入れない。たかさ2ブロックの　ばしょを作り、そこに入れば　ウィザースケルトンは　入ってこれないぞ。

もんだいの　答えは、どれも50に　ちかい数字に　なっているよ！　もし　答えの　数字が　50から　大きく　はなれていたら、けいさんを　見なおして　みよう！

40-8+17
= ☐

35+22-6
= ☐

21-10+38
= ☐

60-22+13
= ☐

9+32+11
= ☐

44-21+29
= ☐

11+22+15
= ☐

15+16+17
= ☐

さんすう・プログラミング

26 ブレイズロッドを　あつめよう

ジ・エンドの　ゲートをひらく　エンダーアイを作るには、「ブレイズロッド」が　ひつようじゃ。こうりつよく　あつめるために、ブレイズが　むげんに　出てくる　スポナーを　さがそう！

クリアした日

月　　日

1 ブレイズの　スポナーに　たどりつこう

下の　せつめい文の　空白をうめて、スティーブを　スポナーが　あるばしょまで　ゆうどうしましょう。ただし、スティーブが　いどうできるのは　上下左右だけ　です。また、ブロックが　あるばしょは　とおれない　ものとします。

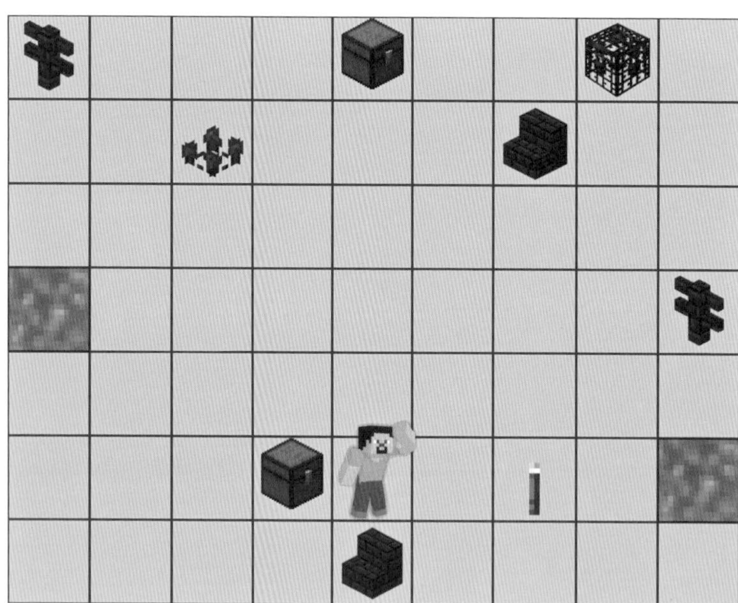

- たいまつ
- チェスト
- 階段
- フェンス
- ようがん
- ネザーウォート
- スポナー

スティーブの上下左右に何があるかをよくかくにんしてね！

① [　　　　] が　ある方向に　2マス

② [　　　　] が　ある方向に　3マス

③ スポナーが　ある方向に [　　] マス

2 出てきた　ブレイズを　たおしまくれ！

スティーブが　スポナーに　たどりつくと、スポナーから　つぎつぎと　ブレイズが　わき出てきました。ブレイズは　けいさんもんだいを　とくと　たおせるようです。つぎの　もんだいに　答えましょう。

1 おそってきた　ブレイズの、けいさんもんだいに　答えましょう。また、けいさんもんだいの中で、いちばん小さい　答えは　どれでしょう？

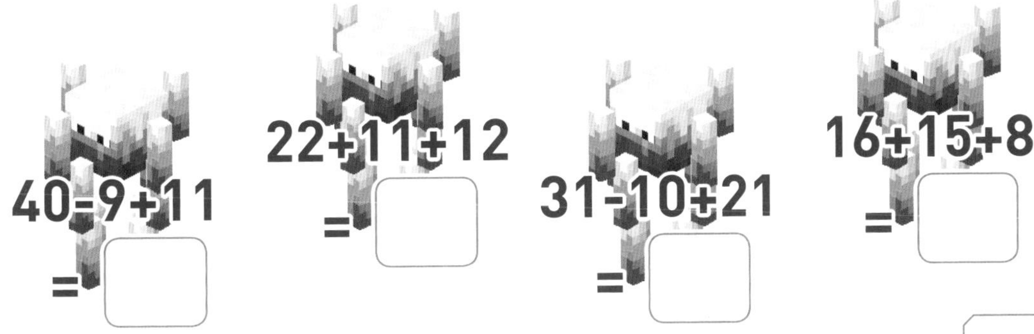

答え. いちばん　小さい答えは

2 なかまが　たおされた　ブレイズは、おこって　さらに　こうげきして　きます。けいさんもんだいの中で、いちばん大きい　答えは　どれでしょう？

答え. いちばん　大きい答えは

マイクラ攻略まめちしき　エンドポータルのかぎ　エンダーアイの　作りかた

エンダードラゴンがまつ　ジ・エンドに　つながるゲート「エンドポータル」を　ひらくには、エンダーアイという　アイテムが　ひつようになる。エンダーアイは、エンダーパールと　ブレイズロッドを　作業台で　クラフトすると　作ることができる。エンダーアイは　ゲートを　ひらくだけでなく　ゲートをさがすためにも　ひつようなので、20個くらいは　作っておきたい。

27

さんすう・プログラミング

ようさいの 入り口を さがそう

ブレイズロッドが 十分に あつまったら、
エンダーアイ作りを はじめよう！
エンダーアイは ようさいを さがしたり、
エンドポータルの きどうに ひつようじゃ。

クリアした日
月 日

1 エンダーアイを 作ろう

エンダーアイは、エンダーパール1個と ブレイズロッド1個で作ることができます。いま、エンダーパール12個と ブレイズロッド18個をもっています。つぎの もんだいに 答えましょう。

1 もっている エンダーパールと ブレイズロッドで、できるだけたくさんのエンダーアイを 作ります。エンダーアイは 何個 できるでしょうか？

答え. エンダーアイは [ ] 個できる

2 まえの もんだいで 作った エンダーアイを つかってみたら、4個こわれてしまったので、エンダーマンを たおして エンダーパールを 3個ひろいました。このじょうたいで できるだけたくさんの エンダーアイを 作りました。このとき、いまもっている エンダーアイの 数は 何個になるでしょう？

答え. エンダーアイは [ ] 個ある

マイクラ攻略まめちしき

ようさいの 入り口は 村の井戸の 下にある!?

エンダーアイで ようさいを さがしていると、エンダーアイが村の井戸にむかって とんでいくことが よくある。じつは、ようさいの 入り口は 村の井戸のま下に あることが 多いのだ！ようさいを さがしている さい中に、エンダーアイが 村のある方向に とんでいってると 感じたら、その村の井戸の ちかをしらべてみると ようさいを 見つけやすくなるかも しれないぞ。

2 エンダーアイで　ようさいを　さがそう

エンダーアイは　ようさいの　入り口のある　ばしょに　むかって　とんでいきます。ようさいの　ちかくなら、2かしょで　エンダーアイを　なげることで　ようさいの　入り口の　ばしょを　とくていできます。
つぎの　もんだいで、せつめい文を　さんこうにして　ようさいの　入り口の　ばしょを見つけて、そのマスに　○をつけてみましょう。

ときかたの　れい

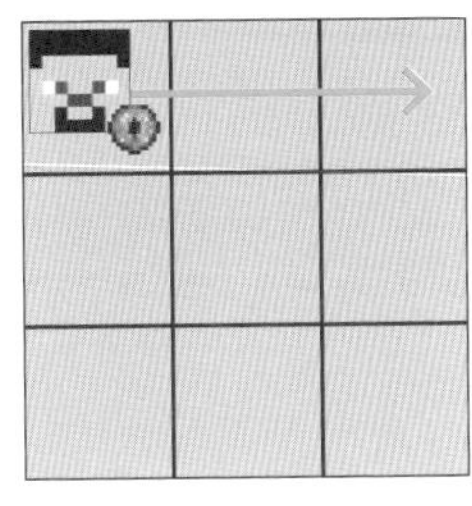

せつめい文を　よんで、エンダーアイが　とんだ 方向に　せんを ひきます。

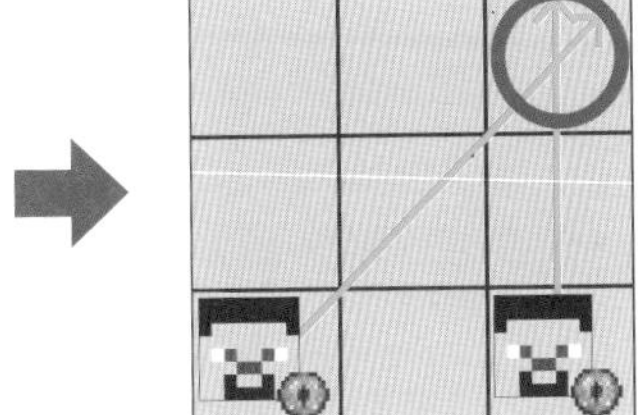

せんが　こうさした　ばしょが　ようさいの　入り口です

1. Aの　ばしょから　投げた　エンダーアイは　かんばんに　むかって　とんでいきました。
2. Bの　ばしょから　投げた　エンダーアイは　ひまわりに　むかって　とんでいきました。

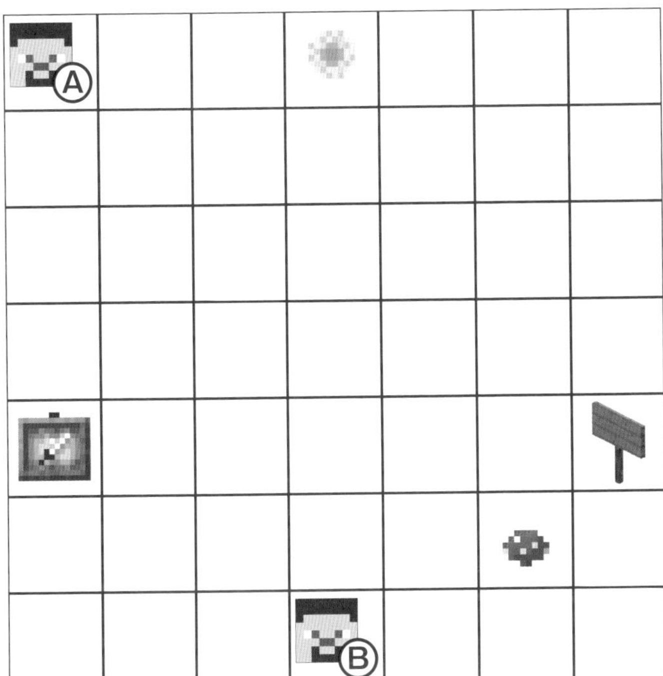

ヒント!
マスの　まん中に　むかって　せんを　ひこう！　じょうぎを　つかって　キレイな　せんを　ひいてね！

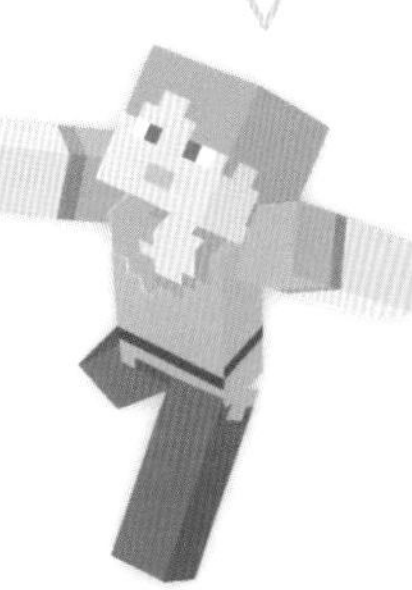

28

プログラミング

エンドポータルを　さがそう

ジ・エンドに　つながっている「エンドポータル」は ようさいの　おくふかくに　かくされているんじゃ！ ようさいは　めいろのような　ふくざつな　ちけいに なっているので　しんちょうに　おくへ　すすもう！

クリアした日（ひ）

月（がつ）　日（にち）

1 ようさいの　おくを　ちょうさしよう

ようさいでは　たくさんの　どうくつグモが　行（ゆ）く手（て）を　はばんでいます。
どうくつグモに　あわないように　ゴールに行（い）ける　ルートを　さがしましょう。
なお、はしごは　のぼりおりが　できるので　うまくつかって　すすみましょう。

ゴール！

スタート！

2 ほんものの　エンドポータルを　みつけよう

ようさいの　おくに　すすんでいくと、エンドポータルを　みつけました。下の　エンドポータルの　正しい見本しゃしんを　さんこうにして、空白ぶぶんに　あてはまる　正しいしゃしんの　パーツを　えらびましょう。

正しい　エンドポータルの　しゃしん

ヒント!

12個の みどり色の ブロックは、エンダーアイが はまっているブロックと はまってないブロックが ある みたい！　そこに ちゅうもくすると　よさそうね！

A

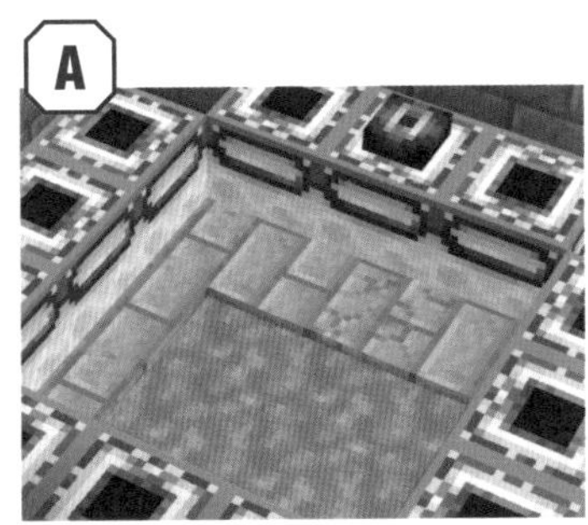

B

C

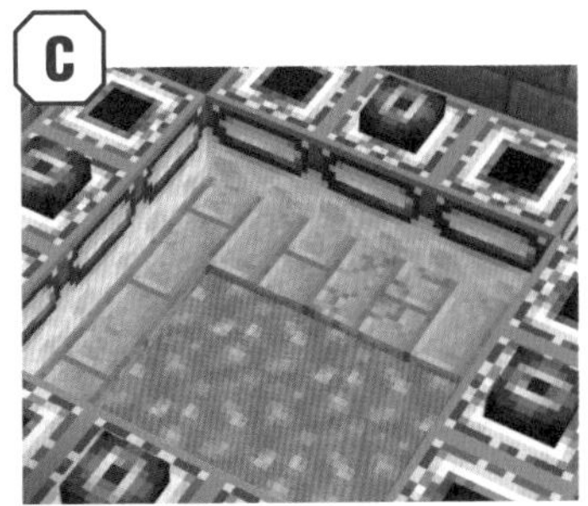

答え. 正しいしゃしんのパーツは　　　です

さんすう・プログラミング

29 エンドポータルを　きどうしよう

エンドポータルは、しゅういの　ブロックすべてに エンダーアイを　入れれば、ジ・エンドにつながり エンダードラゴンの　すむ　せかいに　テレポート することが　できるぞ！

クリアした日

月　日

1 たりない　エンダーアイを　ほじゅうする

ようさいを　見つけるまでに　エンダーアイを　かなりこわしてしまったので、ざいりょうの　エンダーパールを　あつめることに　します。エンダーパールを もっている　エンダーマンだけを　すべて　たおして　ゴールしましょう。 エンダーパールを　もってない エンダーマンは　とおれません。

エンダーマン　エンダーパール

スタート！

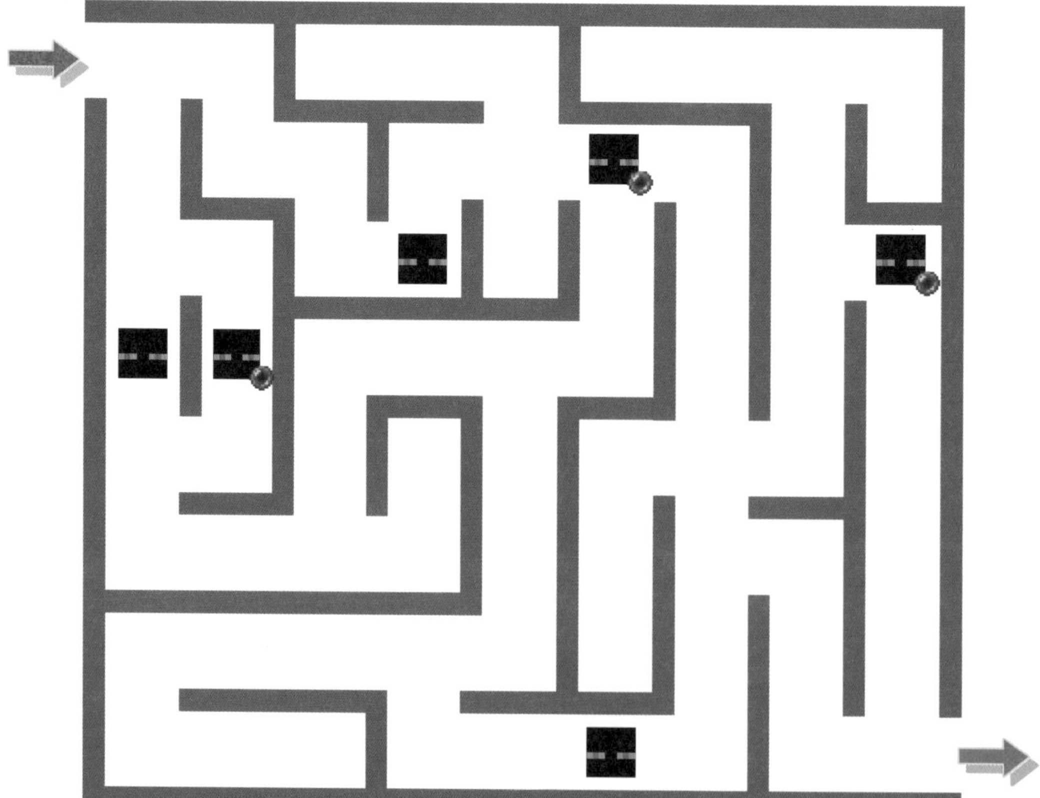

ゴール！

2 数字を　よそうして　エンダーアイを　はめよう

エンダーアイを　はめるための　12個の　ブロックが　あります。ブロックの　まわりには、数字が　かいてあります。この数字は　きそくてきな　ならびに　なっているようで、空らんに　なっている　マスの　数字を　見つけないと　エンダーアイを　はめることが　できません。空らんに　なっている　マスの　数字を　よそうして　みましょう

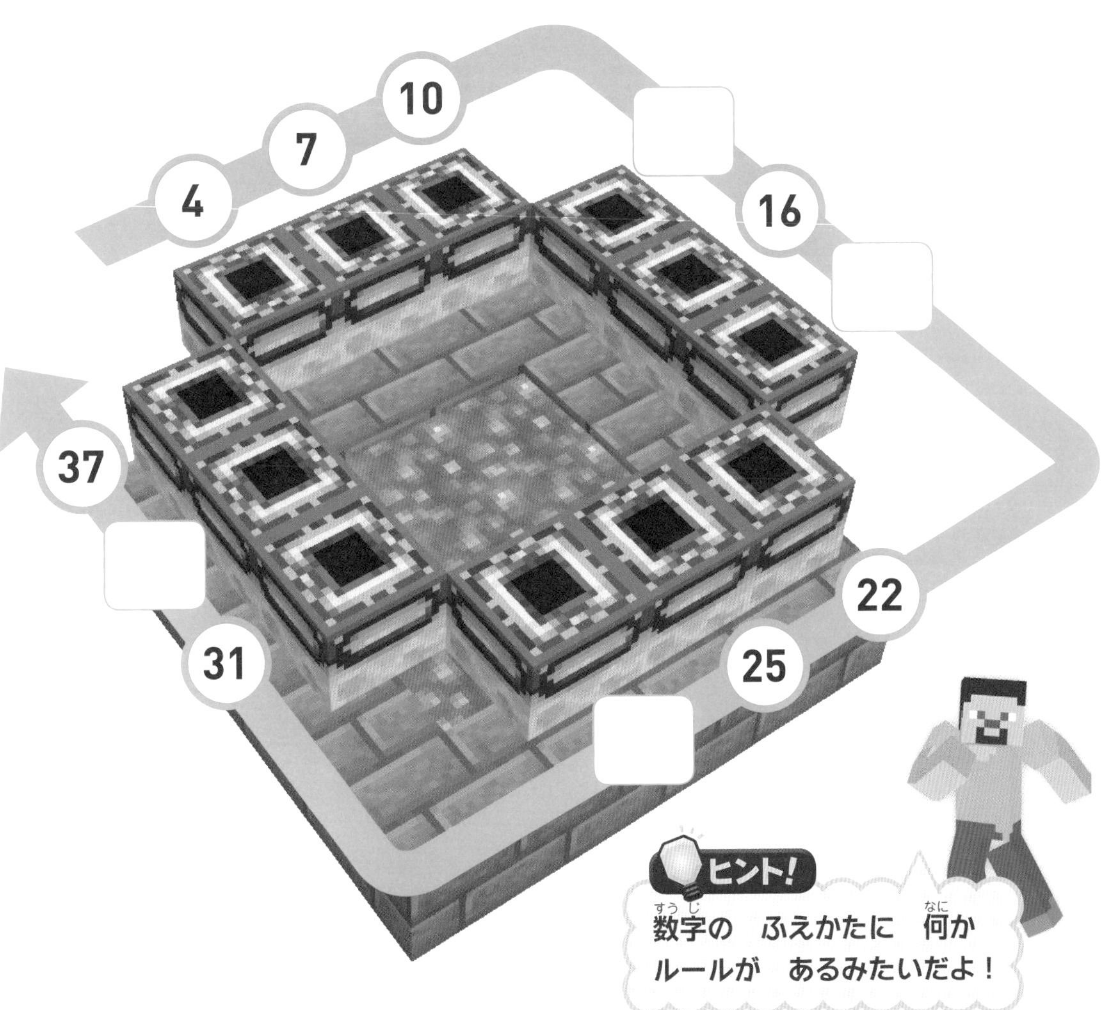

ヒント！
数字の　ふえかたに　何か　ルールが　あるみたいだよ！

マイクラ攻略まめちしき　エンドポータルは　いっぽうつうこう！

きどうした　エンドポータルに　入れば　ジ・エンドに　行くことが　できるが、いちど入ったら、ラスボスを　たおすまで　もとの　せかいに　もどることはできない。エンドポータルに　入るまえに、ベッドを　おいて　すぐねることで、ふっかつばしょを　エンドポータルの　ちかくに　へんこうしておこう。もし　ジ・エンドで　やられても、さいちょうせんが　しやすくなるぞ。

プログラミング

30 エンダードラゴンを　さがそう

ついに、ジ・エンドに　たどりつけた！　エンダードラゴンが　いるばしょまでは、空中の　しまを　わたっていかなければ　ならない。足をふみはずしたら　ならくに　おちるので　ちゅういじゃ！

クリアした日

月　日

1 エンダードラゴンのすむ　しまに　わたろう

しまとしまの　あいだには　ならくが　ひろがっており、おちたら　ひとたまりもありません。ブロックを使って　エンダードラゴンがいる　しままで　道を作って　いどうするには、さいてい　何ブロック　ひつようになるでしょうか？　なお、スティーブは　斜めに　いどうしたり、ならくに　入ることは　できません。

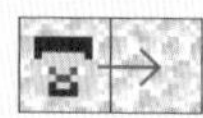
○いどう　できる

×いどう　できない

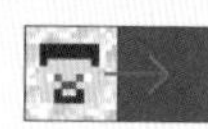
×いどう　できない

スタート！

答え．ブロックは　　個ひつよう

2 エンダードラゴンの　もとに　むかおう!

エンダードラゴンが　いるばしょに　行くと、エンダーマンが　まちかまえています。エンダーマンを　さけて　ゴールに　むかいましょう。なお、エンダーマンは　水がにがてなので、スティーブが　もっている　水バケツを　つかっていちどだけ　エンダーマンが　いるマスを　とおりぬけることが　できます。

水バケツを　つかって、1回だけ　エンダーマンのマスを　とおりぬけることが　できます。

ゴール!

スタート!

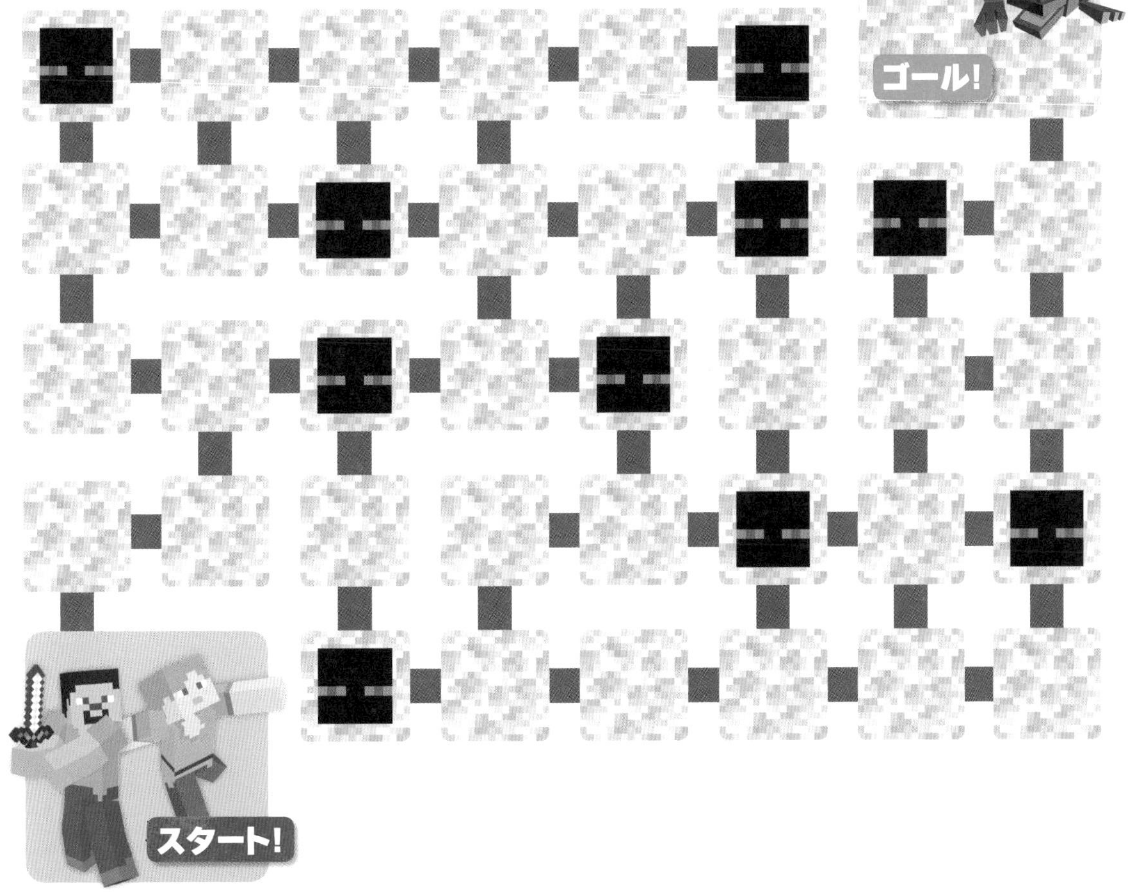

マイクラ攻略まめちしき

エンダーマンは　水に　よわい

エンダーマンは　水に　ふれると　ダメージを　うけてしまうので、プレイヤーが　水の中にいると、こちらに　ちかづくことが　できない。もしエンダーマンに　おそわれたばあいは、うみや川が　あれば、そこに　にげこめば　おそわれずにすむ。水バケツで　水を　じめんにまくのも　こうかてきだ。雨も　にがてだぞ。

さんすう・プログラミング

31 果てのクリスタルを　はかいしよう

エンダードラゴンは　果ての　クリスタルに　まもられており、ちょっとしたダメージは　すぐに　かいふく　してしまうんじゃ！　エンダードラゴンをたおす前に、果てのクリスタルを　はかいしよう。

クリアした日

月　　日

1 果てのクリスタルに　せっきん　しよう

エンダードラゴンの　まわりには　果てのクリスタルが　おいてあります。スティーブが　いまいる　ばしょから　もっともちかい　果てのクリスタルと、もっともとおい　果てのクリスタルは　どれになるか　答えましょう。なお、スティーブは　果てのクリスタルと　エンダードラゴンの　あるマスは　つうかできません。また、マスを　斜めに　いどうすることも　できません。

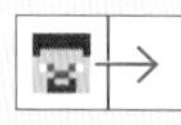

○いどう　できる

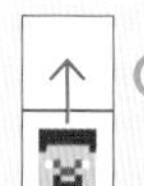

○いどう　できる

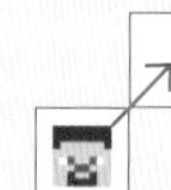

×いどう　できない

答え．いちばん　ちかいのは

答え．いちばん　とおいのは

『マインクラフト さんすう・プログラミング学習ドリル』本文訂正のお知らせ

「マインクラフト さんすう・プログラミング学習ドリル」の内容において誤りがありました。
訂正させていただくとともに、読者の皆様には深くお詫び申し上げます。

●訂正箇所…… 67 ページの問題 (右側の「90,79,68……」) に
数字の間違いがありました。正しい誌面は以下になります。

誤】90 | 79 | 68 | 20　→　【正】90 | 79 | 68 | 57

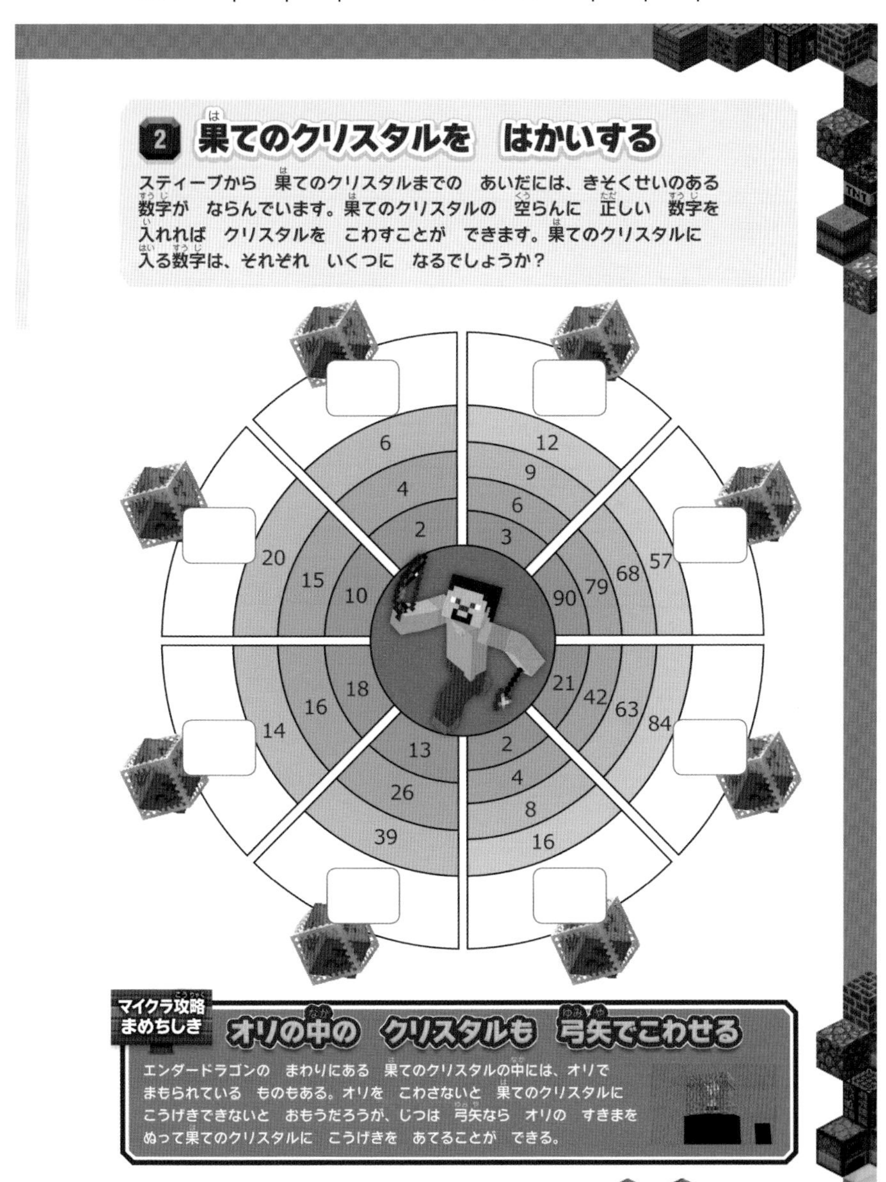

2 果てのクリスタルを　はかいする

スティーブから　果てのクリスタルまでの　あいだには、きそくせいのある
数字が　ならんでいます。果てのクリスタルの　空らんに　正しい　数字を
入れれば　クリスタルを　こわすことが　できます。果てのクリスタルに
入る数字は、それぞれ　いくつに　なるでしょうか？

マイクラ攻略まめちしき　オリの中の　クリスタルも　弓矢でこわせる

エンダードラゴンの　まわりにある　果てのクリスタルの中には、オリで
まもられている　ものもある。オリを　こわさないと　果てのクリスタルに
こうげきできないと　おもうだろうが、じつは　弓矢なら　オリの　すきまを
ぬって果てのクリスタルに　こうげきを　あてることが　できる。

2 果てのクリスタルを　はかいする

スティーブから　果てのクリスタルまでの　あいだには、きそくせいのある数字が　ならんでいます。果てのクリスタルの　空らんに　正しい　数字を入れれば　クリスタルを　こわすことが　できます。果てのクリスタルに入る数字は、それぞれ　いくつに　なるでしょうか？

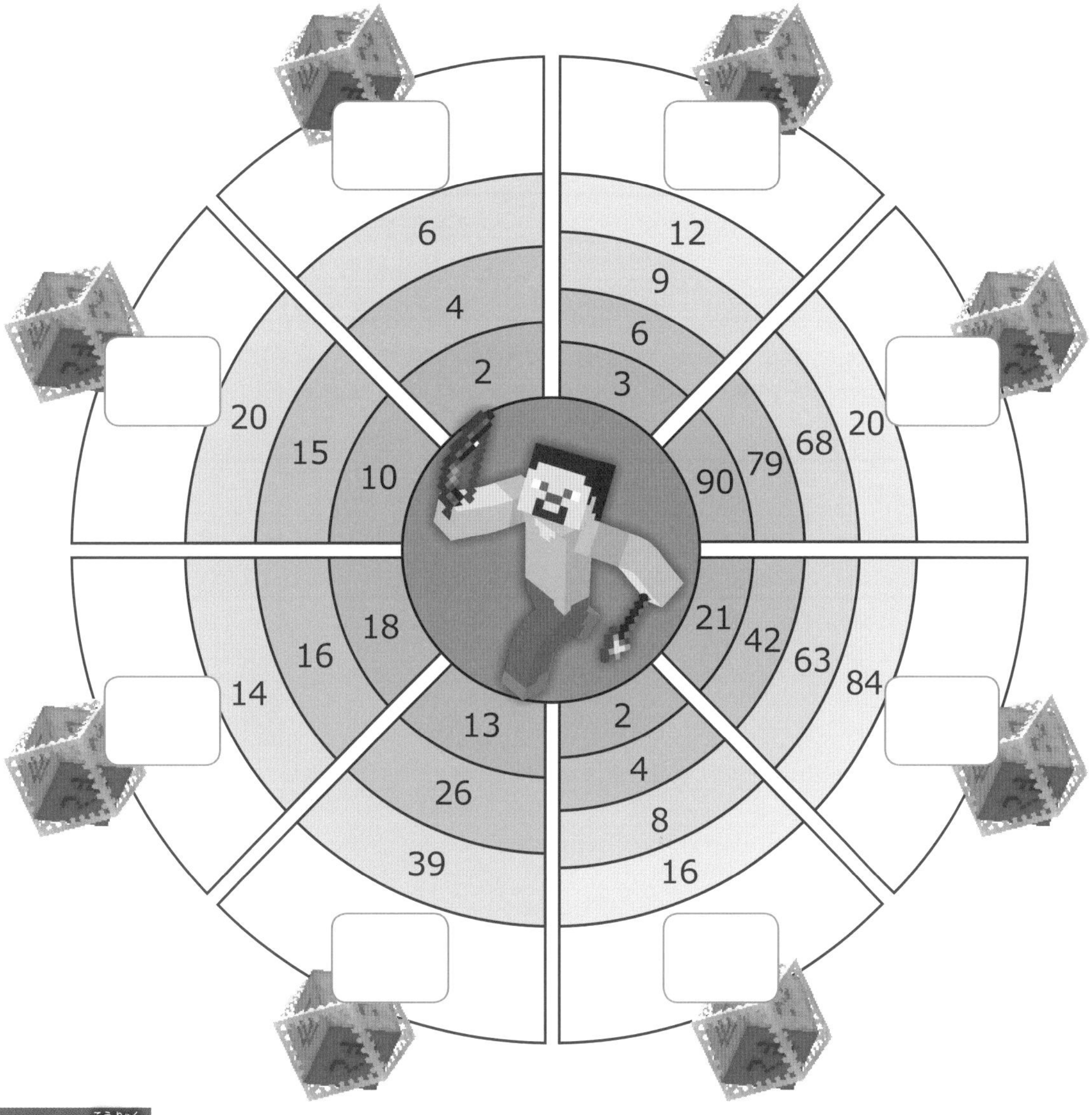

2	4	6		□
3	6	9	12	□
90	79	68	20	□
21	42	63	84	□
2	4	8	16	□
13	26	39		□
18	16	14		□
10	15	20		□

マイクラ攻略まめちしき　オリの中の　クリスタルも　弓矢でこわせる

エンダードラゴンの　まわりにある　果てのクリスタルの中には、オリでまもられている　ものもある。オリを　こわさないと　果てのクリスタルにこうげきできないと　おもうだろうが、じつは　弓矢なら　オリの　すきまをぬって果てのクリスタルに　こうげきを　あてることが　できる。

プログラミング

32

エンダードラゴンとの　たたかい

エンダークリスタルを　すべて　はかいしたら、
いよいよ　エンダードラゴンと　しょうぶじゃ！
おりてきたときが　こうげきの　チャンスじゃが、
ちかくにいくと　ブレスで　こうげきしてくるぞ！

クリアした日（ひ）

月（がつ）　日（にち）

1 ドラゴンの　ブレスこうげきを　さけよう

ドラゴンは、ひろいはんいに　ブレスで　こうげきしてきます。むらさきのマスには　ブレスのくもが　のこっており、エンダードラゴンは　さらにブレスこうげきを　しようとしています。のこっている　ブレスのはんいに　ついかのブレスのはんいを　かさならないように　あてはめると、1マスだけ　ブレスのこうかが　ないばしょがあります。そのマスに　〇をつけてみましょう。

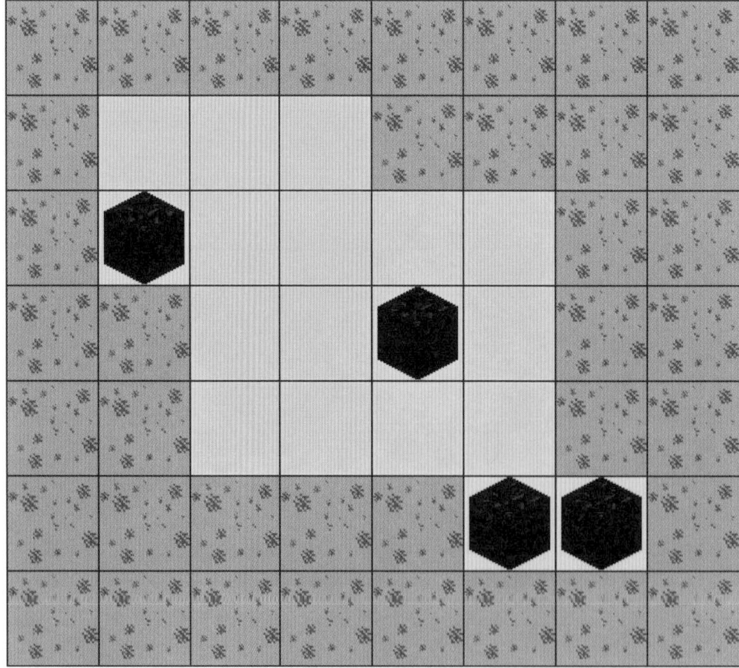

ついかの　ブレスはんい

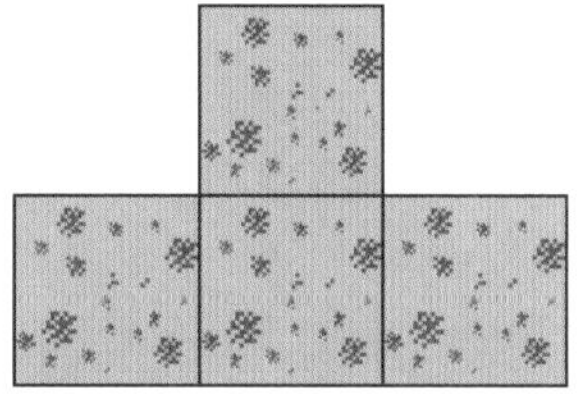

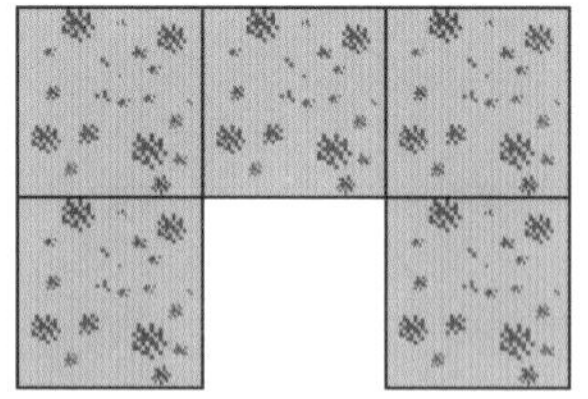

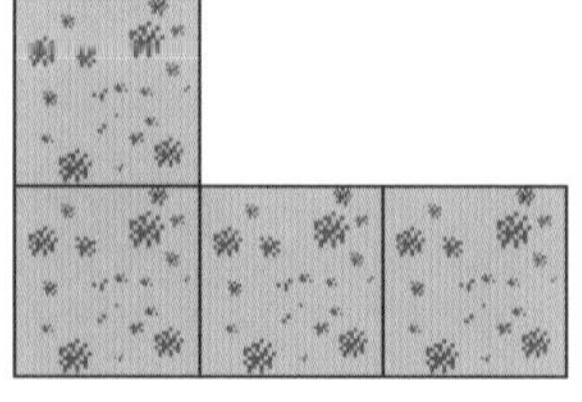

ついかの　ブレスはんいは　かいてん
しても　いいよ！　それから、ブレス
はんいは　黒曜石（こくようせき）の　上（うえ）に　おけないよ！

2 エンダードラゴンの　うごきを　よそくする

エンダードラゴンは　あるていど　空をとぶと、じめんに　おりてきます。そのときが　こうげきの　チャンスです。エンダードラゴンは、A～Dの　入り口から　入って　やじるしの方向に　いどうします。エンダードラゴンが、ちゅうおうの　シンボルに　とうたつできる　入り口は　どこになるでしょう？

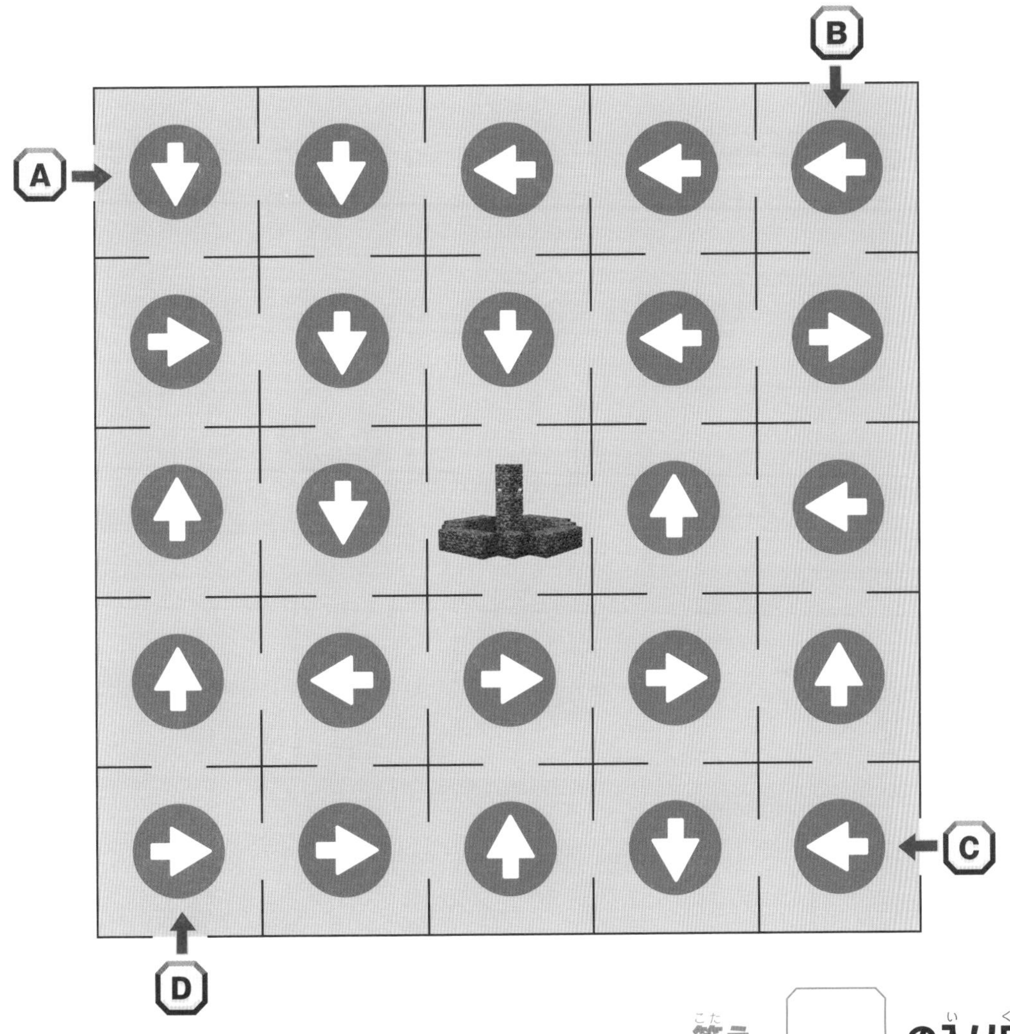

答え.　　　の入り口

マイクラ攻略まめちしき　ベッドを　つかって　ドラゴンに　大ダメージ！

ジ・エンドで　ベッドに　ねようとすると、ばくはつして　しゅういに　ダメージを　あたえる。これを　りようして、エンダードラゴンが　おりてきたときに　ベッドを　ばくはつさせて　大ダメージを　あたえることができる。プレイヤーも　ばくふうに　まきこまれるので、ベッドと　プレイヤーの　あいだに　ブロックを　おいて、ばくふうの　ちょくげきを　ふせぎたい。

33

さんすう

エンダードラゴンを　たおせ!

エンダードラゴンが　おりてきたら　こうげきのチャンスじゃ！　エンダードラゴンは　ぼうぎょ力が　下がる　じゃくてんを　もってるので、そこをねらって　こうげきしてみよう！

クリアした日

月　　日

1 エンダードラゴンの　じゃくてん　をさがせ

エンダードラゴンには　じゃくてんがあるそうです。そこを　こうげきできれば、あたえられるダメージが　大きく　アップします。じゃくてんは、けいさんの答えが　いちばん　大きいばしょになります。じゃくてんは　どこでしょう？

はね

104-36+22 = ☐

のど

122+42-58 = ☐

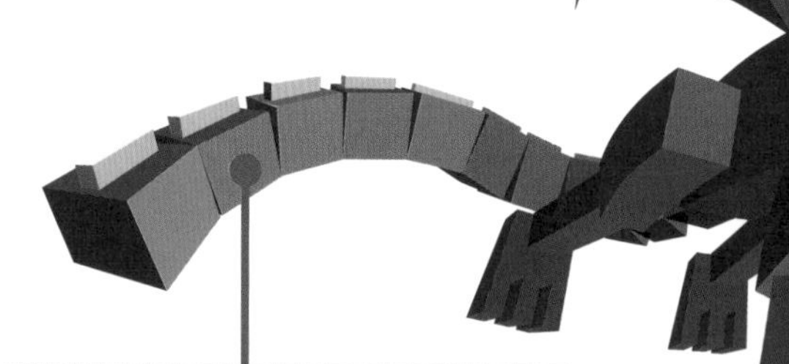

しっぽ

166-54-12 = ☐

まえあし

101+68-91 = ☐

答え. じゃくてんは ☐ です

2 エンダードラゴンと　ラストバトル！

じゃくてんを　つくことに　せいこうし、エンダードラゴンを　よわらせることができました。このチャンスに、エンダードラゴンに　きょう力な　いちげきを入れましょう！　すべての　けいさんに　正かいすれば、まちがいなく　エンダードラゴンを　たおすことが　できるはずです！

エンダードラゴンめ
この　こうげきで
とどめを　さしてやる！

むずかしい　けいさん
だけど、ひき下がる
わけには　いかないわ！

マイクラ攻略まめちしき

じゃくてんは　じっせんでも　つかえる！

ここで　出てきた　じゃくてんは、じっさいの　マイクラで　エンダードラゴンと　たたかうときにも　つかえるテクニックだ。おりてきた　エンダードラゴンの　ま下から、じゃくてんにむかって　矢や雪玉などの　とび道具を　ぶつけると、ほかの　こうげきのダメージも　大はばにアップする。とっさに　すぐなげることができる　雪玉を　もっていくと　いいだろう。

34

プログラミング

たからものの　エリトラを　ゲット

エンダードラゴンを　たおすと、しまの　どこかにポータルが　出げんする。そのポータルの　中心にエンダーパールを　なげると、エンドシティがあるしまに　テレポートできるぞ。

クリアした日

月　　日

1 エンドシティに　行ってみよう

エンドシティは　むらさきいろの　ふしぎな　形をした　たてものです。下にあるのは　バラバラになった　エンドシティの　しゃしんです。正しい　ならびになおしましょう。なお、AとEのじゅんばんだけは　かわりません。

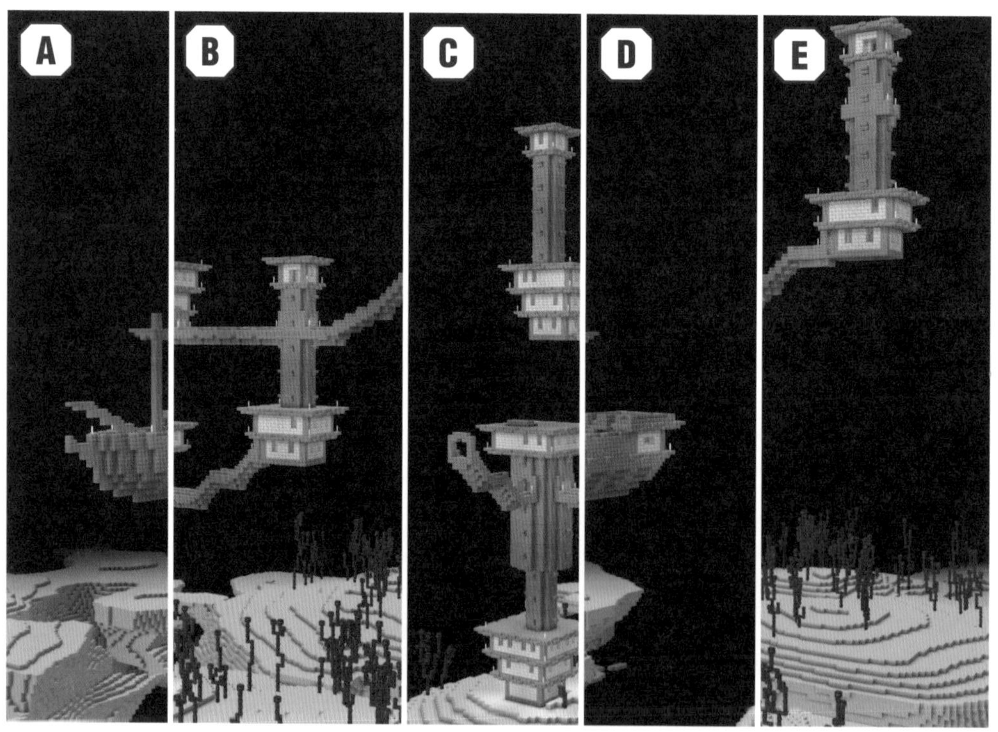

ふねの　カタチをした　たてものの　中には
たからものの「エリトラ」が　あるよ！

答え. 正しい　ならびは　A ・  ・  ・  ・ E　です

2 エリトラで　空を　とんでみよう!

エンドシティで　手に入る　エリトラを　そうびすると、空を　とべるように なります。ただし、4マスごとに　ロケット花火を　とらないと、ついらくして しまいます。ついらくせずに　ゴールまで　とべるルートを　見つけましょう。 なお、斜めには　いどうできません。

ロケット花火

○いどう できる

×いどう できない

ヒント!

山は　とびこえられないので、よけながら　とぼう！

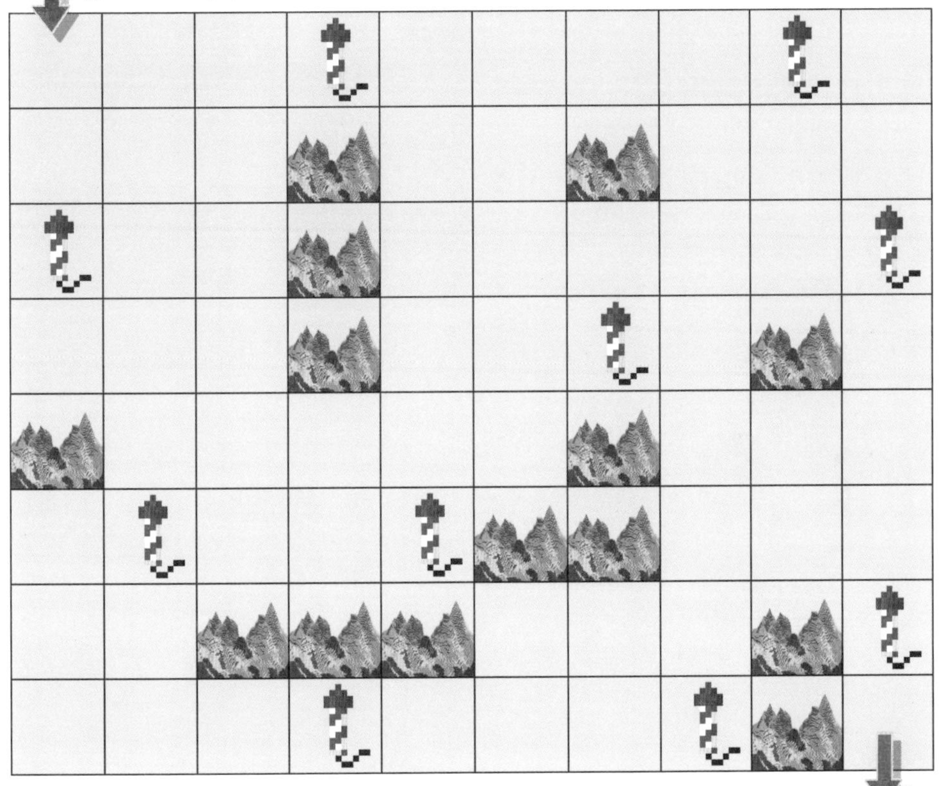

マイクラ攻略まめちしき　エリトラが　こわれて　しまった　ばあいは?

エリトラは　たいきゅうが　1になっても　なくなってしまう　ことはないが、空を　とぶことが できなくなってしまう。こわれたエリトラは、ファントムという　モンスターから　ドロップする ファントムの皮膜　というアイテムで　しゅうり　することができる。ただし、ファントムは きょうてきなので、あらかじめ　エリトラに　修繕のエンチャントを　つけておくと　いいだろう。

答え（こた）のコーナー

6-7ページ

1

答え. 樫の木は C の木がいちばん多く取れる

答え. 樺の木は B の木がいちばん多く取れる

2

答え. 樫の丸太は ぜんぶで 13 個

答え. 樺の丸太は ぜんぶで 14 個

答え. アカシアの丸太は ぜんぶで 12 個

答え. 丸太ブロックは ぜんぶで 39 個

8-9ページ

1

① 答え. 木の板は 36 個作れる

② 答え. 木の板は 28 個作れる

2

答え. 作業台は 6 個作れる

3

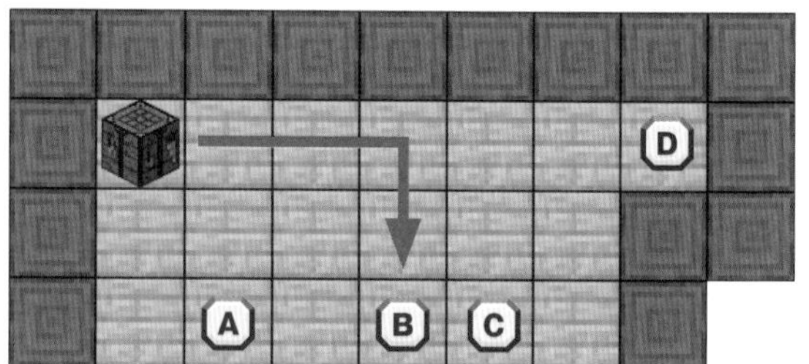

答え. B のばしょ

10-11ページ

1

答え. 木の斧またはツルハシは 8 個作れる

2

① 答え. 木のクワは 3 個作れる

② 答え. 木のシャベルは 4 個作れる 棒が 2 個あまる

12-13ページ

1

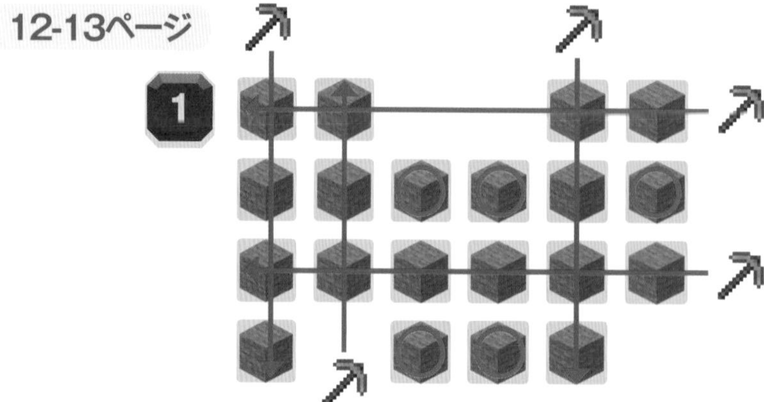

2

① 答え. 丸石の階段は 4 個作れる 丸石は 5 あまる

② 答え. 丸石のハーフブロックは 18 個作れる 丸石は 2 あまる

14-15ページ

1

① 答え. 石のツルハシは 3 個作れる

② 答え. かまどは 2 個作れる

2

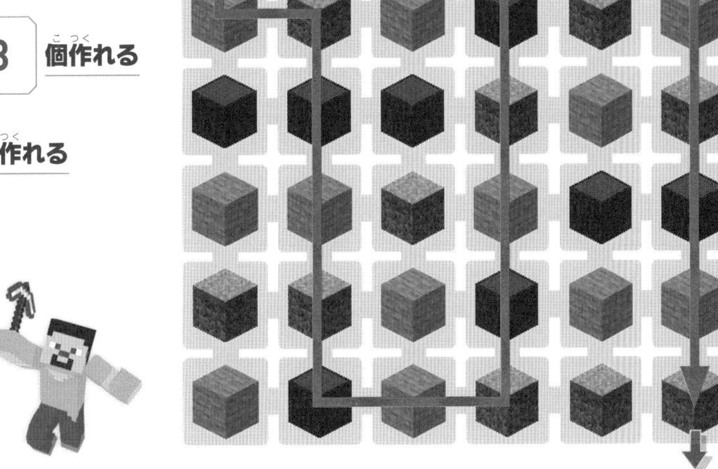

16-17ページ

1

答え. 7 マスあく

2 ①

答え. ツルハシ

②

答え. タンポポ

③

答え.Aは タンポポ

Bは ツルハシ

18-19ページ

1

2

① 答え. 原鉄のブロックは 4 個作れる

② 答え. 原鉄は 59 個

20-21ページ

1

① 答え. 45 びょう　もえる

② 答え. 400 びょう　もえる

③ 答え. 110 びょう　もえる

④ 答え. 405 びょう　もえる

2

① 答え. A のくみあわせ

② 答え. C のくみあわせ

22-23ページ

1

① 答え. つよさは D A C B F E のじゅん

② 答え. 2 個

2

① 答え. 15

② 答え. 8

24-25ページ

1

① 答え. たいまつは 40 個作れる　棒は 2 本あまる

② 答え. たいまつは 8 個作れる　木炭は 6 個あまる

2

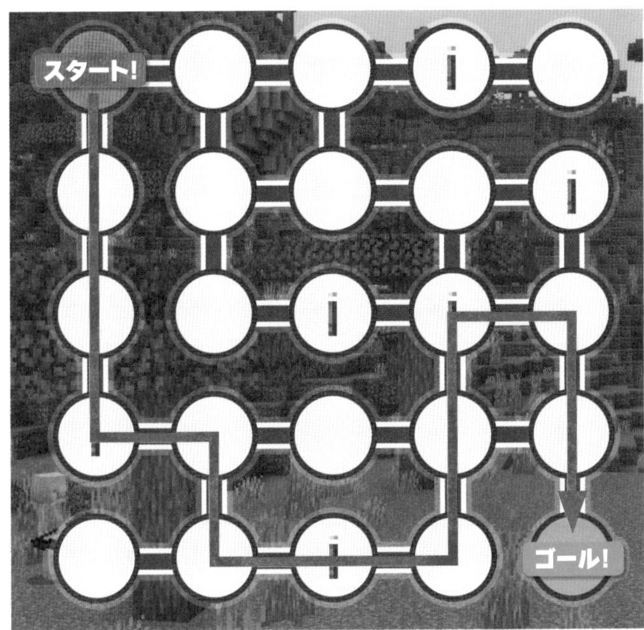

26-27ページ

1

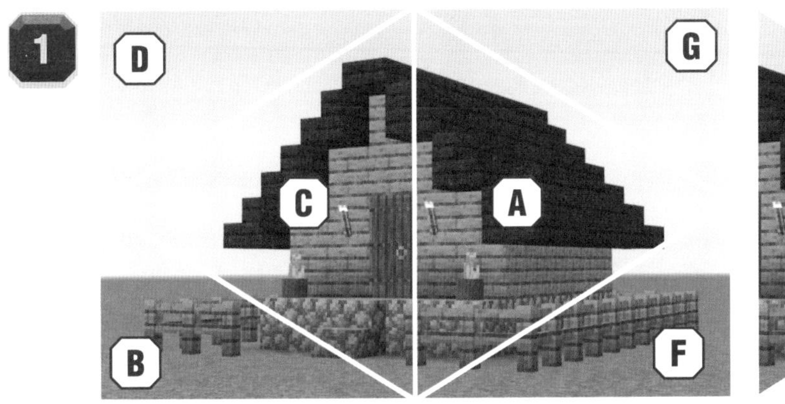

答え. まちがっている パーツは E です

2

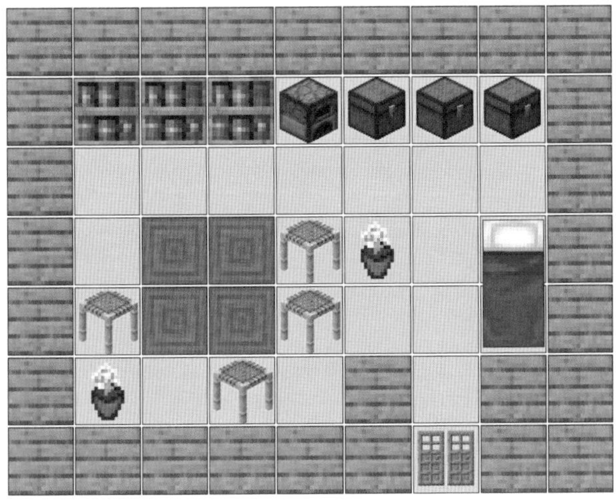

28-29ページ

1

2

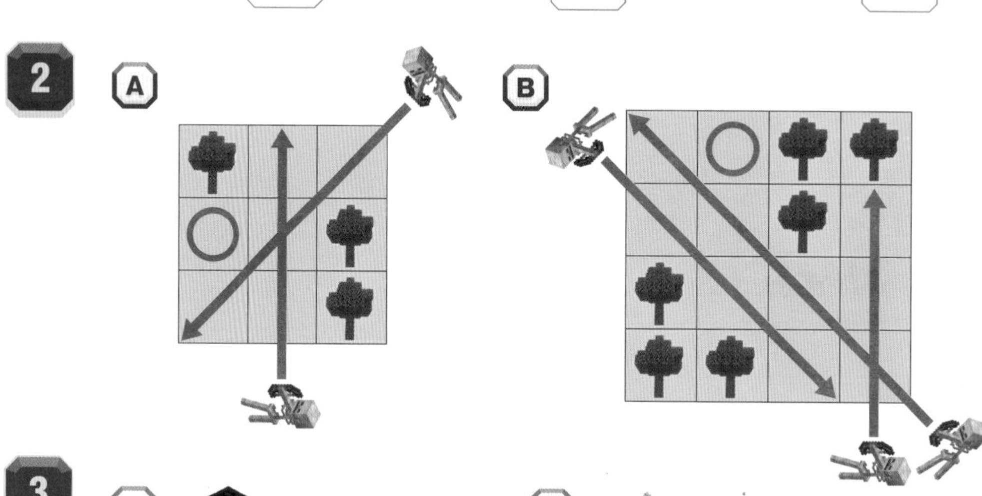

3

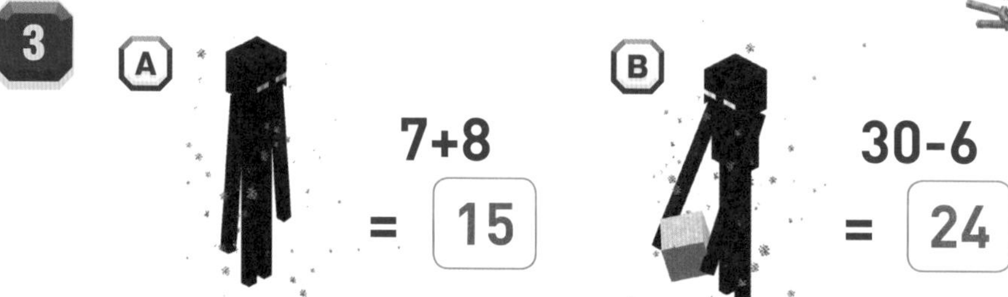

30-31ページ

1

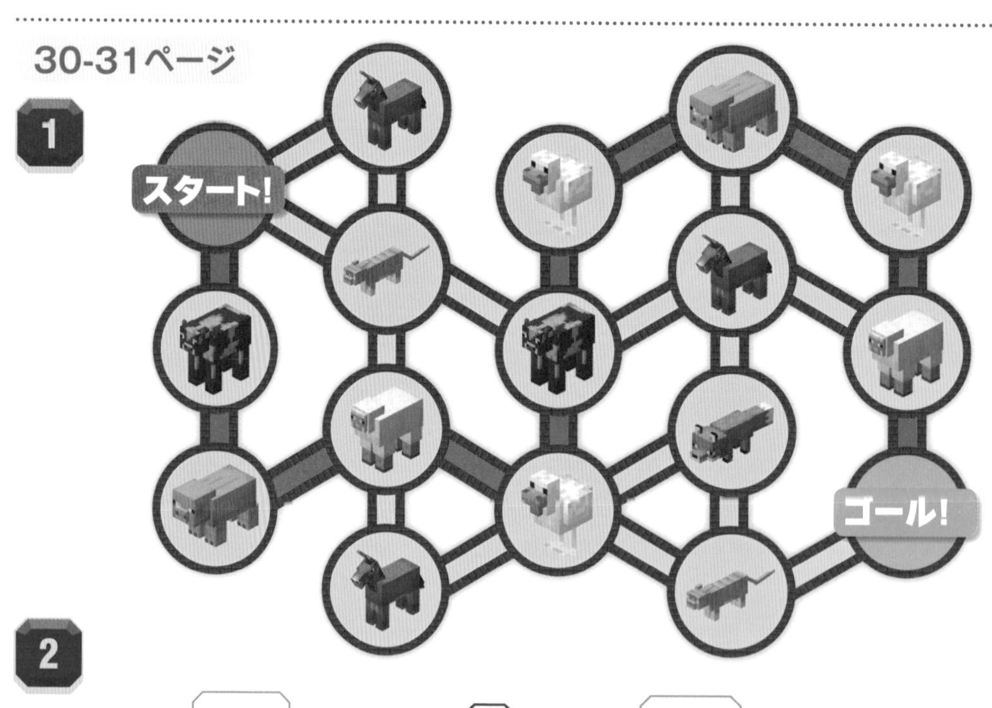

2

1

(1) ネコの数は　馬の数より　**少ない**

(2) 馬の数と　キツネの数を　くらべると　**おなじ**

(3) ニワトリの数は　ほかのどうぶつの数より　**多い**

2

(1)

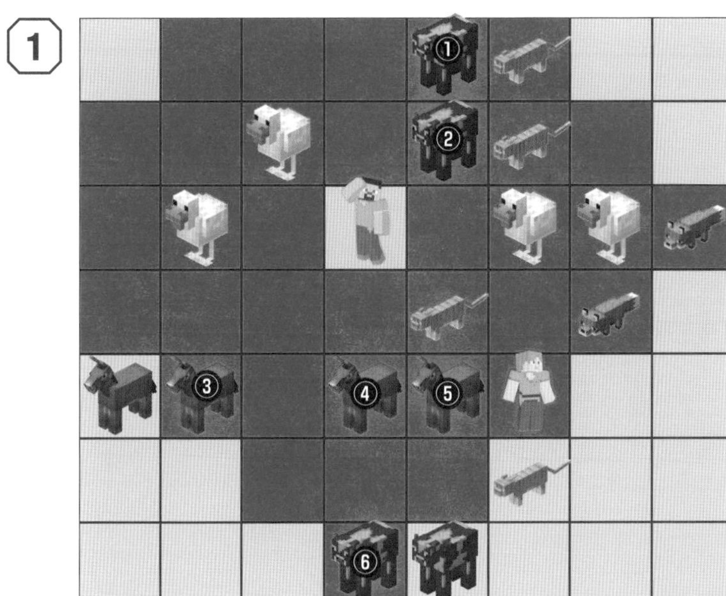

答え. **6**

(2)

答え. **7**

34-35ページ

牛・羊	ニワトリ	馬	豚

7+7+5 = 19	5+5+6 = 16	3+3+4 = 10	8-2+8 = 14

種	金のニンジン	小麦	ニンジン
9+5+2 = 16	9-4+5 = 10	2+9+8 = 19	3+7+4 = 14

2

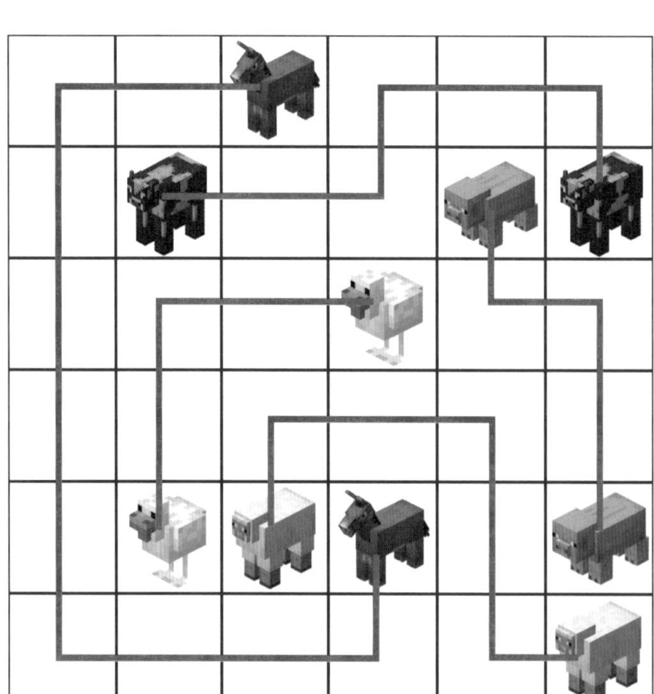

36-37ページ

1

15+12= 27

17+26= 43

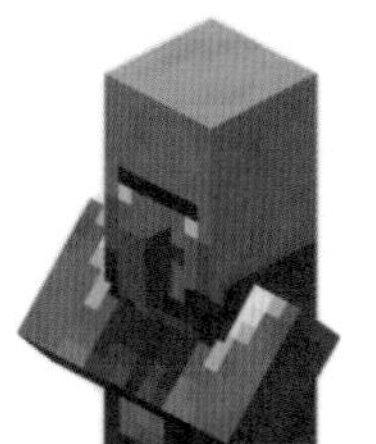
19+19= 38

30-12= 18

53-22= 31

87-63= 24

2

(1) 答え. パンは 18 個もらえる

(2) 答え. エメラルドは 15 個ひつよう

(3) 答え. エメラルドは 2 個のこる

38-39ページ

1

※解答例。複数のルートがあります

2

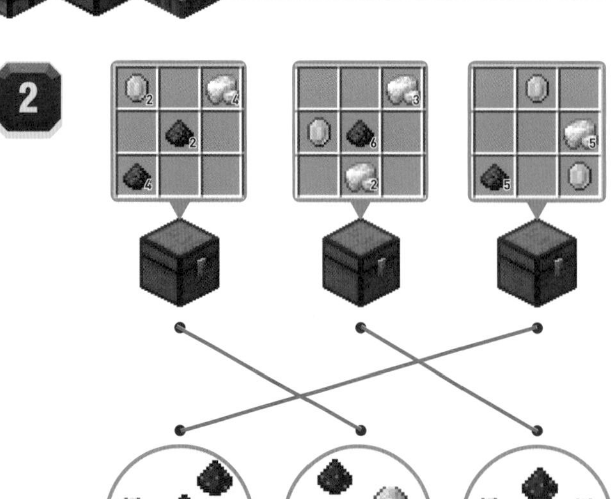

※金6、エメラルド3、レッドストーン7で統一

40-41ページ

1

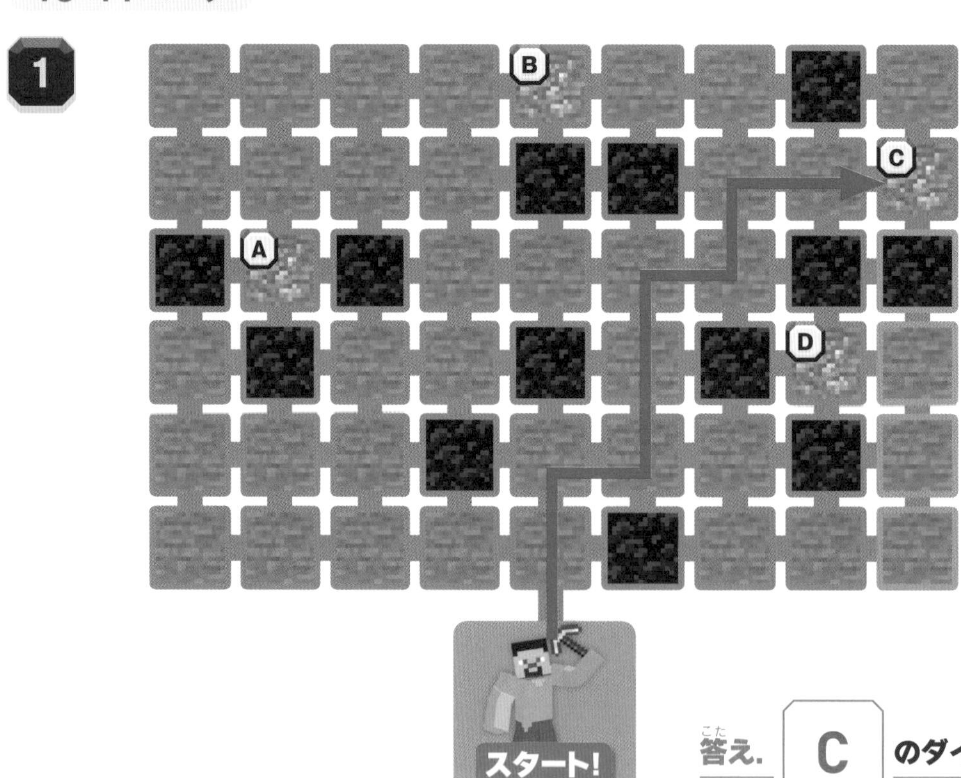

答え. C のダイヤモンド

2

①

答え. あわせて 6 個

②

答え. 1回目は 4 個、3回目は 4 個

42-43ページ

1

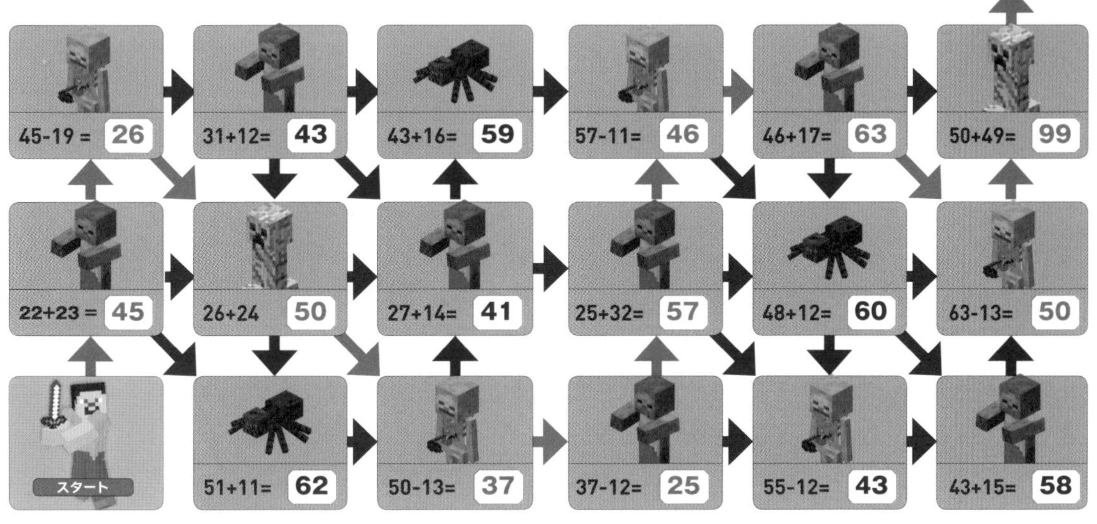

44-45ページ

1

(1) 答え. ぼうぎょ力が **10** 上がる (2) 答え. ぼうぎょ力は **19**

2

ニワトリ 答え. **1** かい

牛 答え. **2** かい

クモ 答え. **3** かい

クリーパー 答え. **3** かい

ウィッチ 答え. **4** かい

エンダーマン 答え. **6** かい

46-47ページ

1

A

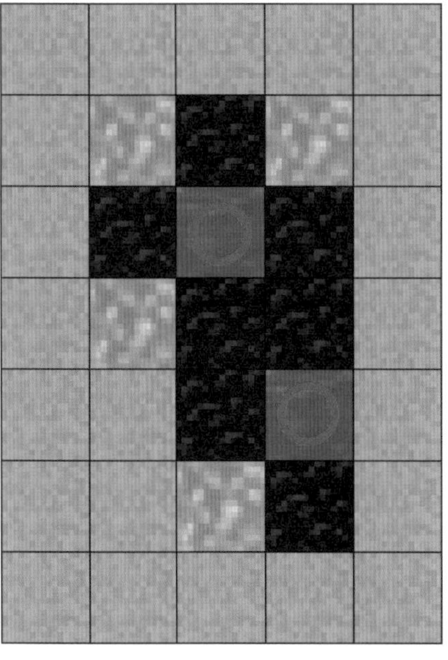

B

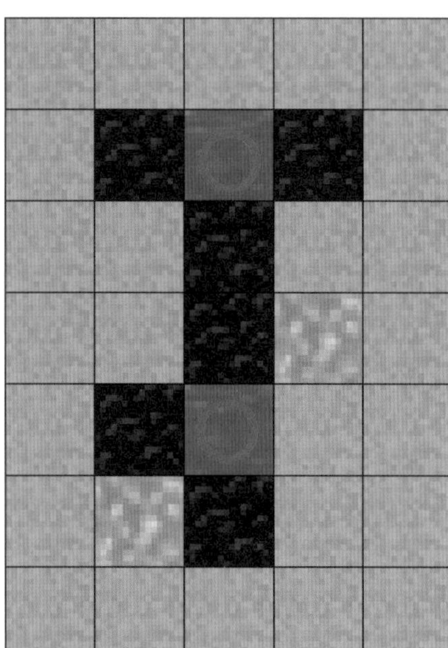

2

A

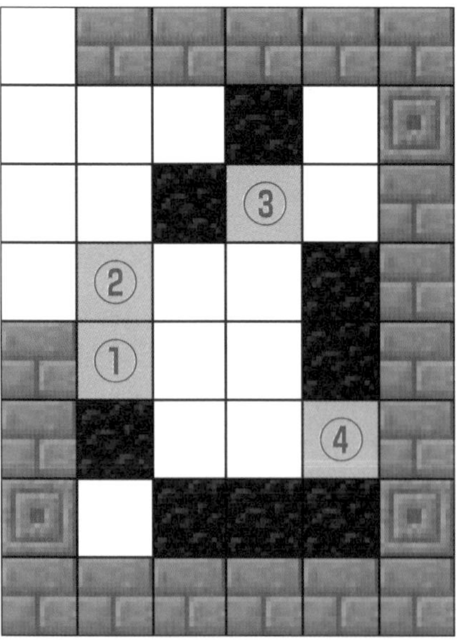

B

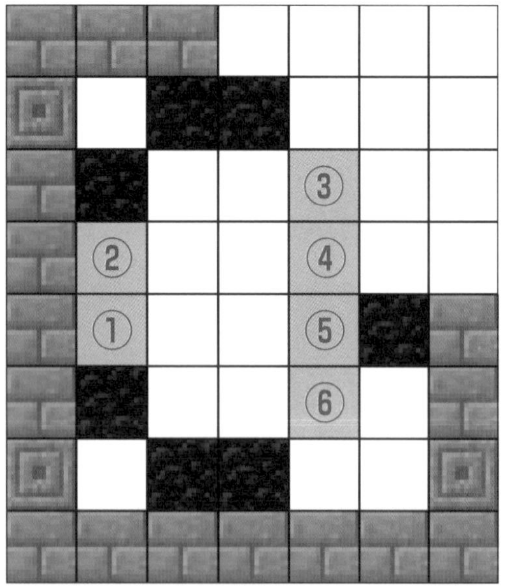

答え. 4 個で 作れる

答え. 6 個で 作れる

48-49ページ

1

2

Ⓐ 答え. 金ブロックは 8 個

Ⓑ 答え. 金ブロックは 14 個

Ⓒ 答え. 金ブロックは 17 個

50-51ページ

Ⓐ 9 + 13 = 22 ※ 13+9=22 も正解

Ⓑ 12 + 18 = 30 ※ 18+12 = 30 も正解

2

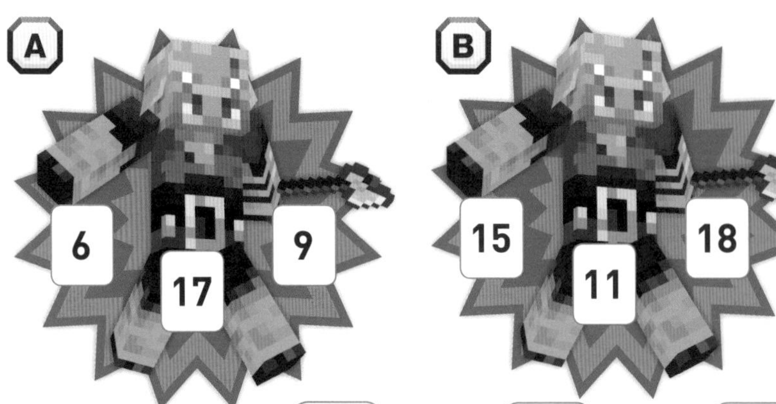

Ⓐ 20 ＋ 6 － 9 ＝ 17

Ⓑ 15 ＋ 14 － 11 ＝ 18

52-53ページ

1

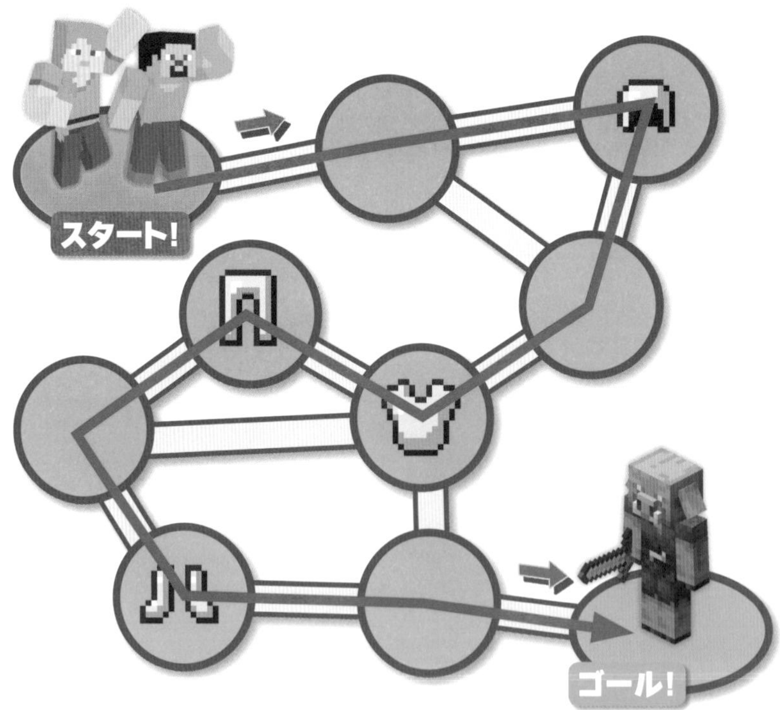

2

① 答え. 30 回 とりひきする

② 答え. 砂利は 8 個 手に入る

54-55ページ

1

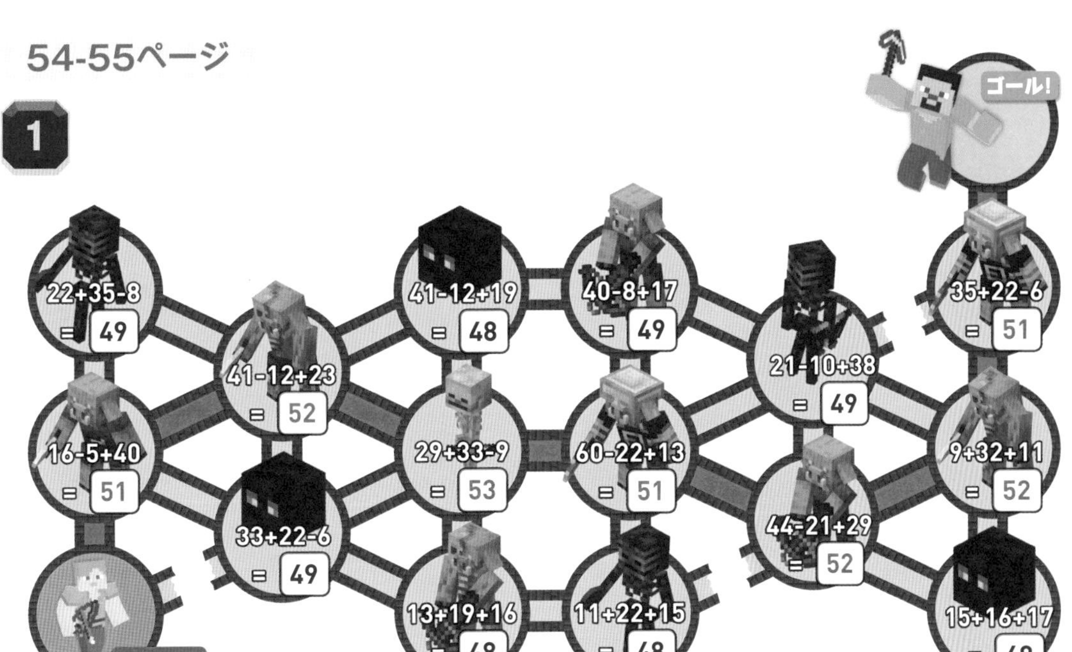

56-57ページ

1

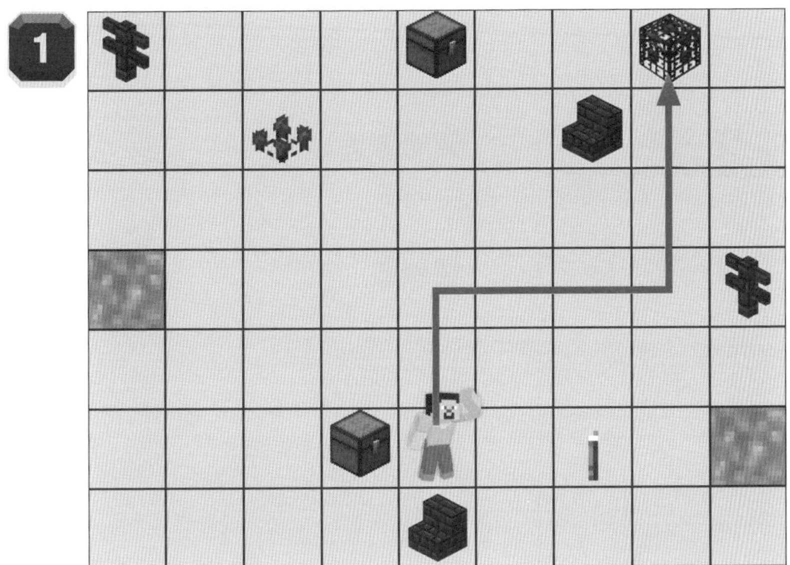

① チェスト が ある方向(ほうこう)に 2マス

② フェンス が ある方向(ほうこう)に 3マス

③ スポナーが ある方向(ほうこう)に 3 マス

2

40-9+11 = 42　22+11+12 = 45　31-10+21 = 42　16+15+8 = 39

答え. いちばん　小さい答えは **39**

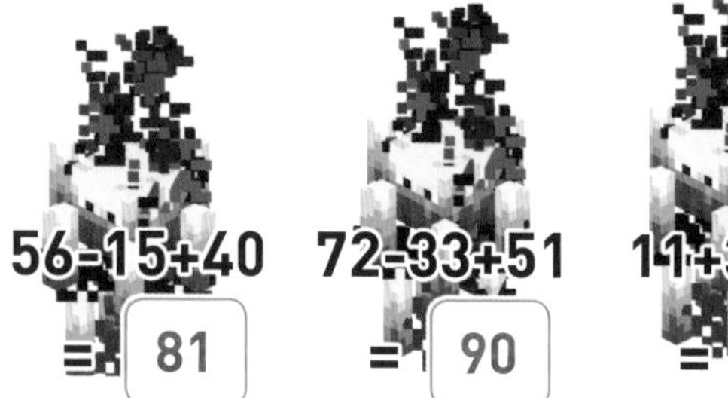

56-15+40 = 81　72-33+51 = 90　11+33+44 = 88　90-28+18 = 80

答え. いちばん　大きい答えは **90**

58-59ページ

1

① 答え. エンダーアイは **12** 個できる

② 答え. エンダーアイは **11** 個ある

2

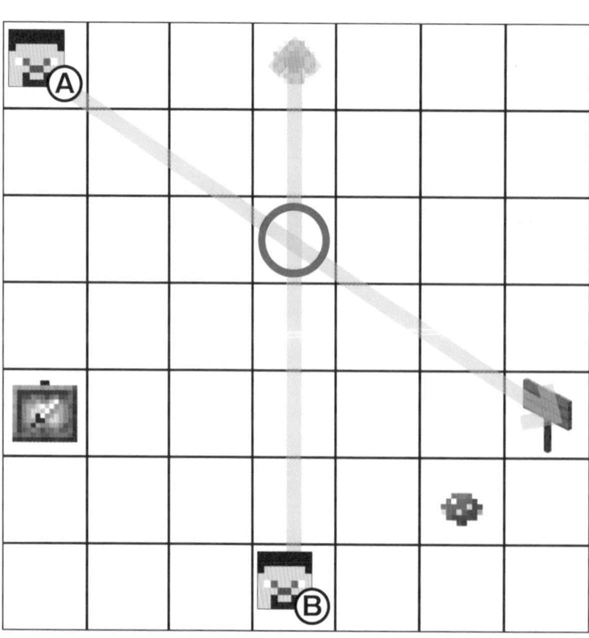

60-61ページ

1

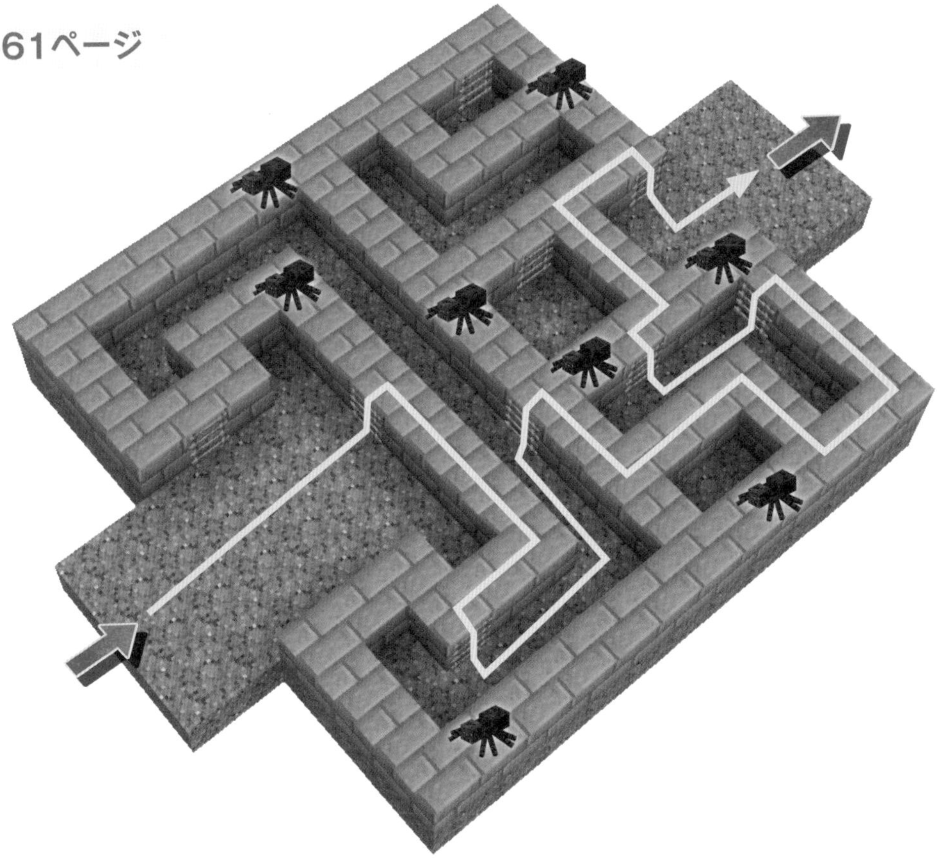

2

答え. 正しいしゃしんのパーツは A です

62-63ページ

1

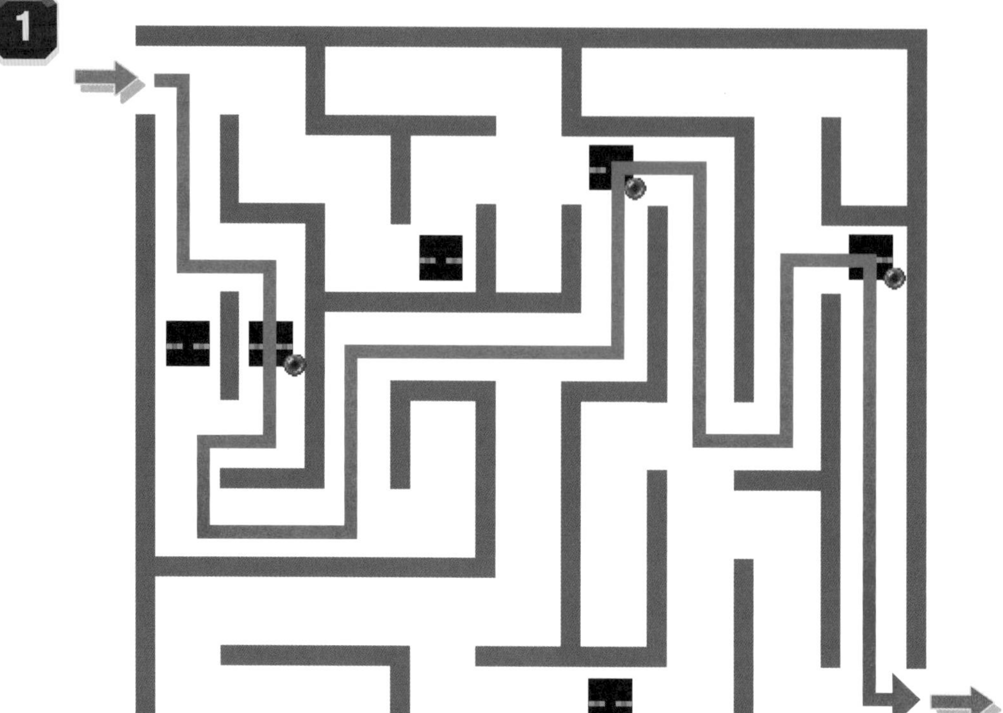

2

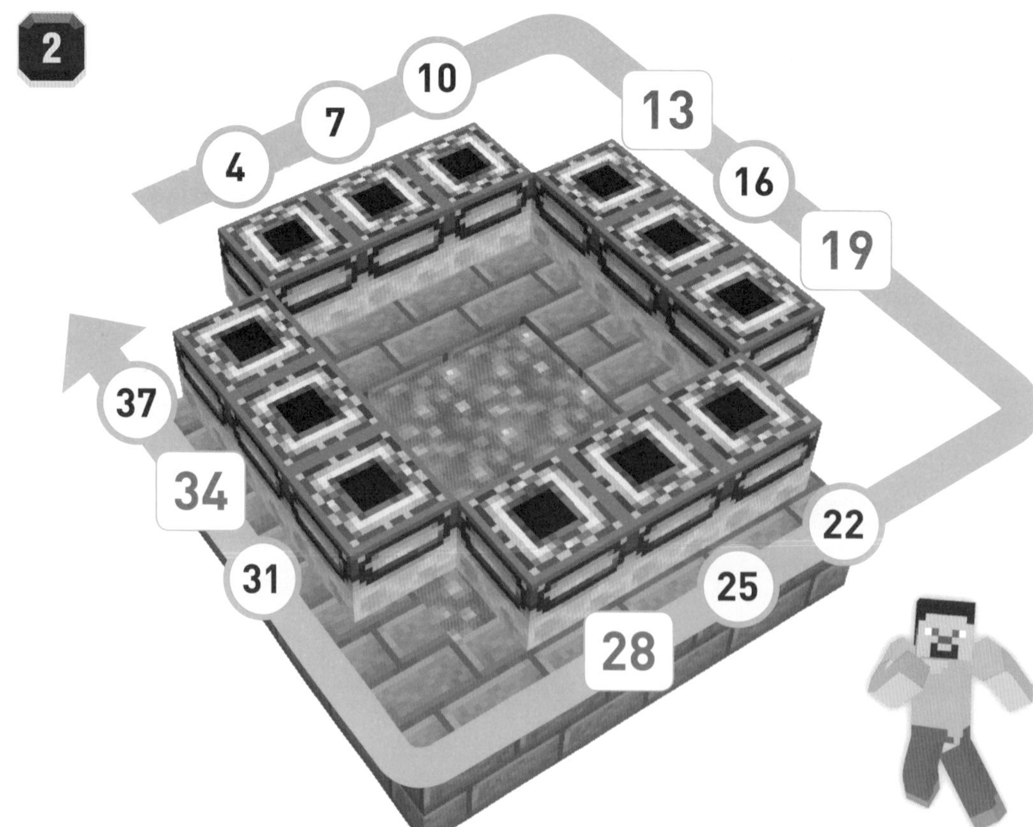

64-65ページ

1

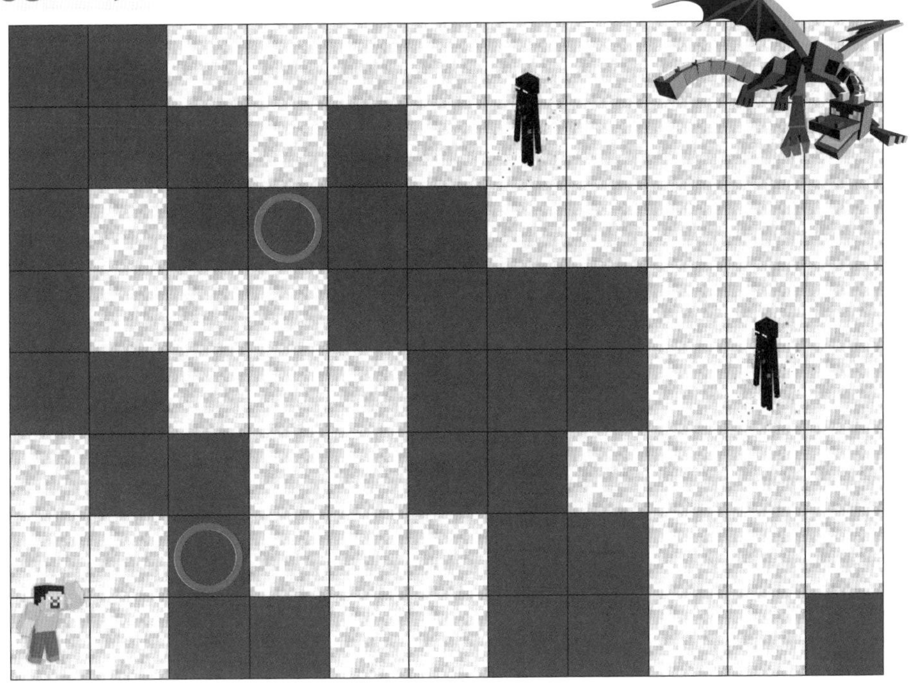

答え。ブロックは 2 個ひつよう

2

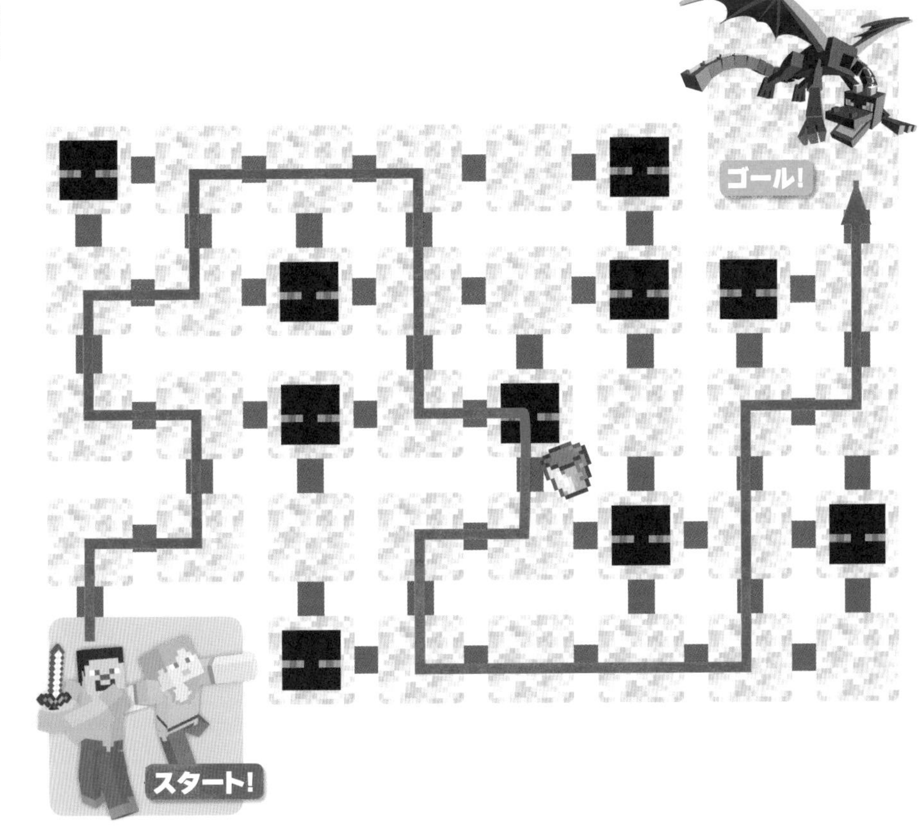

66-67ページ

1

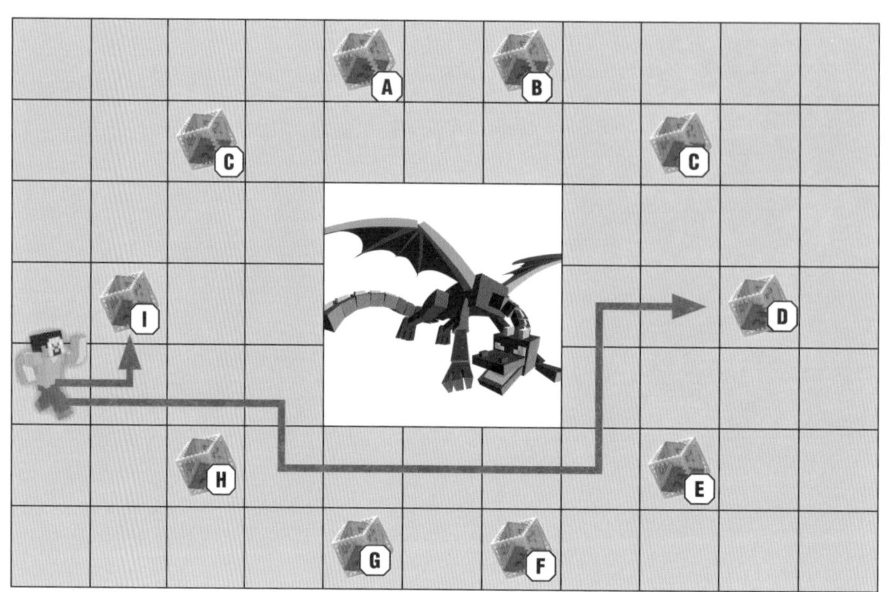

答え. いちばん　ちかいのは　**I**

答え. いちばん　とおいのは　**D**

2

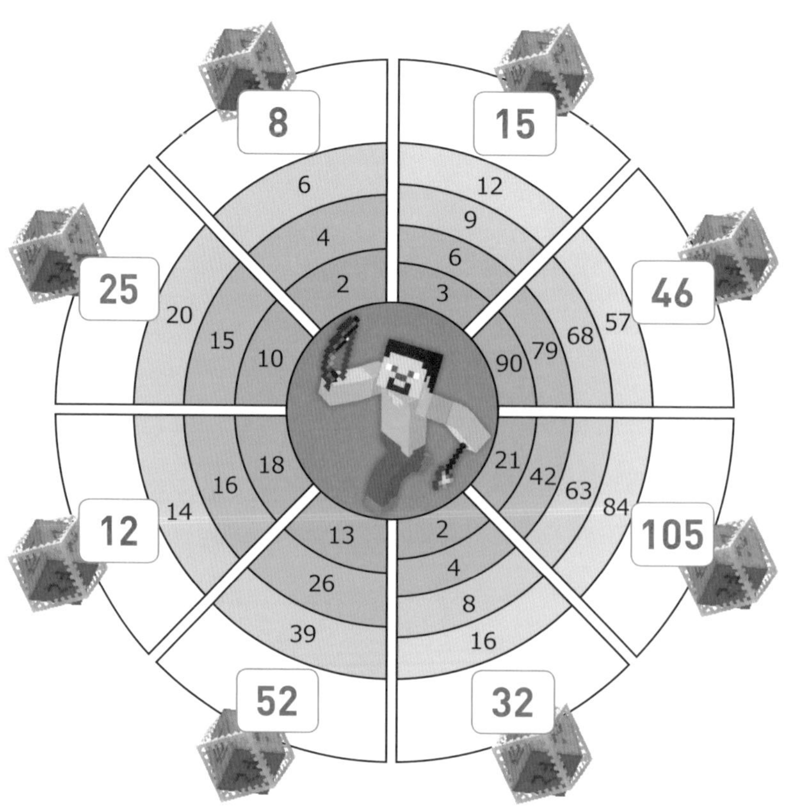

68-69ページ

1

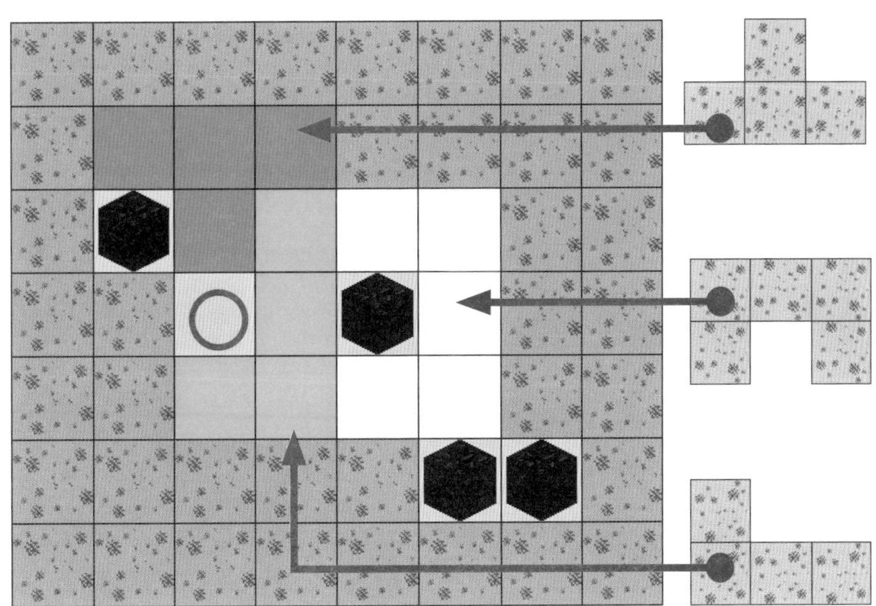

※解答例、ほかの解答もあります。

2

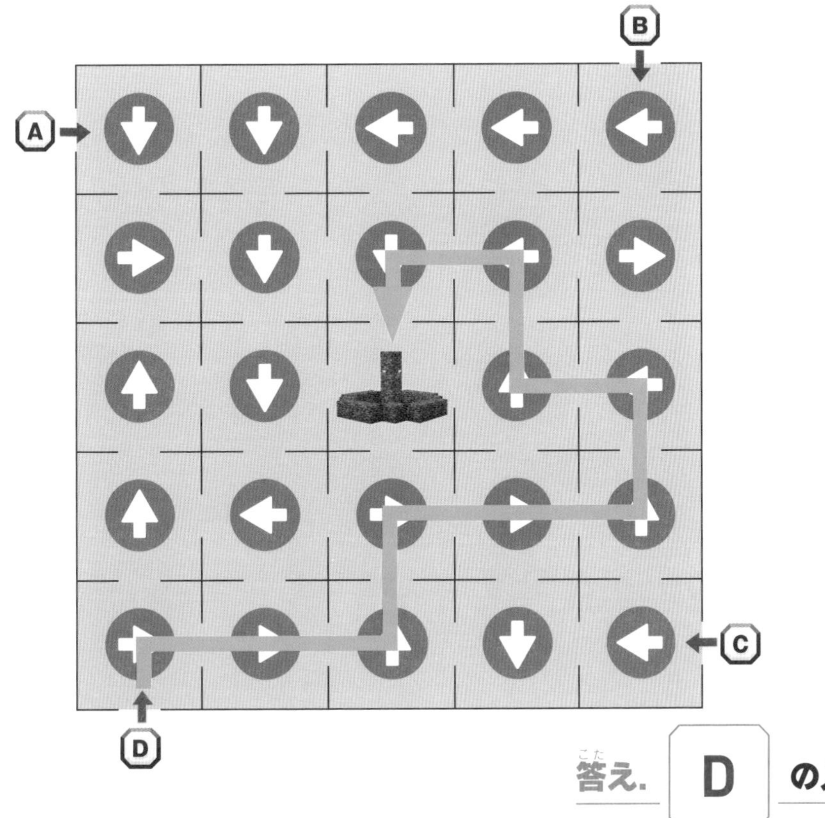

答え. D の入り口

70-71ページ

1

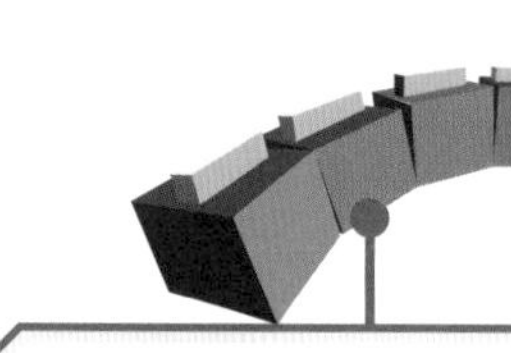

はね
104-36+22 = 90

のど
122+42-58 = 106

しっぽ
166-54-12 = 100

まえあし
101+68-91 = 78

答(こた)え. じゃくてんは のど です

2

303+248-172 = 379

541-255+378 = 664

144+441-141 = 444

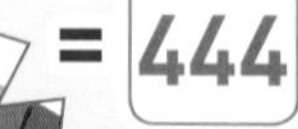

503+167-660 = 10

999-123-201 = 675

1

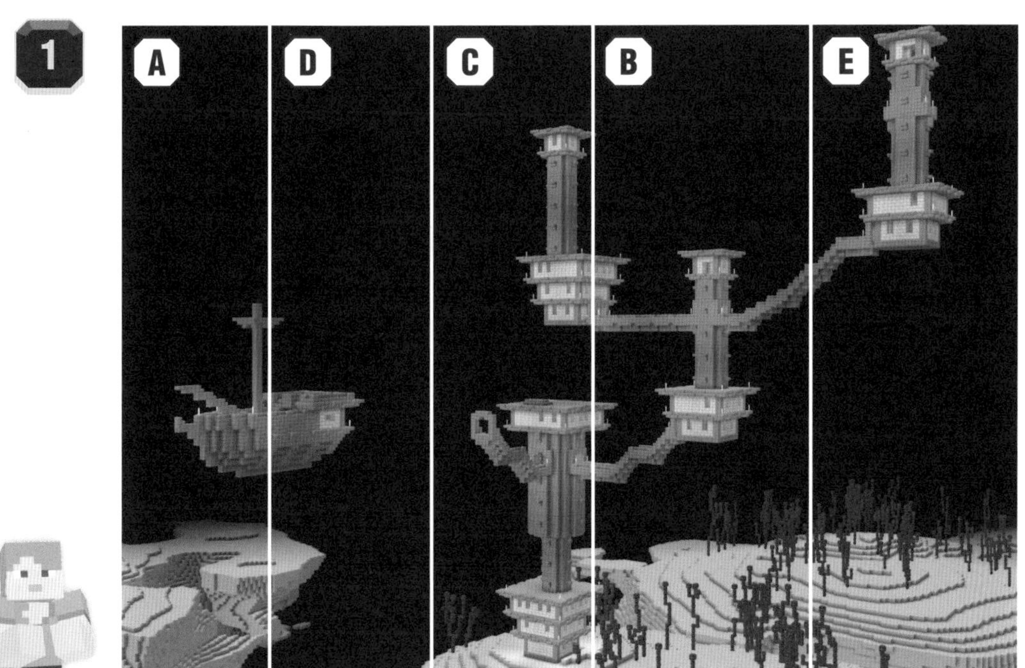

答え. 正しい　ならびは A・D・C・B・E です

2

standards

| 計算 | 図形 | 時間 | 論理 |

発行日
2023年3月31日

企画・制作
standards

編集・執筆
野上輝之(GOLDEN AXE)／宮北忠佳(GOLDEN AXE)

カバー・アートディレクション
ili_design

本文デザイン
有泉滋人

編集人
澤田 大

発行人
佐藤孔建

発行・発売
スタンダーズ株式会社
〒160-0008 東京都新宿区四谷三栄町12-4
TEL 03-6380-6132(営業部) 03-6380-6136(FAX)

印刷所
株式会社シナノ

https://www.standards.co.jp/
スタンダーズ公式サイトには、最新書籍の情報や本に関するニュース、記事の訂正情報などが掲載されています。

●本書に関するお問い合わせに関しましては、お電話、FAX、郵便によるお問い合わせには一切お答えしておりませんのであらかじめご了承ください。必ずメール（info@standards.co.jp）にてご質問をお送りください。順次、折り返し返信させていただきます。ただし質問の際に、「ご質問者さまのご本名とご連絡先住所／メールアドレス」「購入した本のタイトル」「質問の該当ページ」「質問の内容（できるだけ詳しく）」などをお書きの上お送りいただきますようお願いいたします。なお、本書をご購入いただいていない方からの質問、また、本書に掲載されていない事柄や製品、情報などについての質問にはお答えできませんのであらかじめご了承ください。また、編集部ではご質問いただいた順にお答えしているため、ご回答に1~2週間以上かかる場合がありますのでご了承のほどお願いいたします。